JN234631

自動制御工学

北川　能・堀込泰雄・小川侑一

共　著

森北出版株式会社

● 本書のサポート情報を当社Webサイトに掲載する場合があります．下記のURLにアクセスし，サポートの案内をご覧ください．

https://www.morikita.co.jp/support/

● 本書の内容に関するご質問は，森北出版 出版部「(書名を明記)」係宛に書面にて，もしくは下記のe-mailアドレスまでお願いします．なお，電話でのご質問には応じかねますので，あらかじめご了承ください．

editor@morikita.co.jp

● 本書により得られた情報の使用から生じるいかなる損害についても，当社および本書の著者は責任を負わないものとします．

■ 本書に記載している製品名，商標および登録商標は，各権利者に帰属します．

■ 本書を無断で複写複製（電子化を含む）することは，著作権法上での例外を除き，禁じられています．複写される場合は，そのつど事前に（一社）出版者著作権管理機構（電話03-5244-5088, FAX03-5244-5089, e-mail: info@jcopy.or.jp）の許諾を得てください．また本書を代行業者等の第三者に依頼してスキャンやデジタル化することは，たとえ個人や家庭内での利用であっても一切認められておりません．

まえがき

「現在の家庭内にはすでに多くのロボットが居る」，と言うと多くの方は驚かれるかも知れない．確かに，精巧な人間の形をしたものはまだないが，ある機能に関してはほとんど「ロボット」と言えるようなものがいくらでもある．洗濯機は洗濯物の量を自分で感じて，最高の洗濯効果が得られるように適当に洗濯してくれるし，エアコンも部屋の隅々まで効果が行き渡る素晴らしいものがある．また最近では「ペットロボット」が現実のものとなっている．

これらが実現するうえで重要な役割を果たしているものはコンピュータであり，最近の家電用品のほとんどに小型のコンピュータ（マイクロプロセッサ）が入っていると言っても過言ではない．そしてそのコンピュータの中心的役割が「制御」という仕事である．そのためか，最近では「制御」あるいは「コントロール」という単語が，専門用語としてだけではなく日常の単語として使われることが多くなってきた．筆者は以前，「あなたの専門は何ですか」と人に聞かれたときに，「制御です」と答えるのに躊躇していたが，最近では躊躇しなくなった．

このように，制御工学はどの産業分野でも重要な役割を果たすようになっているが，それに応えて理工系の大学や高専では，機械系や電気系はもちろん，材料系や経営系の学生にも制御工学の講義が用意されていることが多い．しかし，初学者にとって制御理論は数学を自在に使う難解なものに見えるようである．他の工学に比べると，複素関数論と関連のあるラプラス変換などを使った抽象的な数学式が多いことは確かで，ややもするとその羅列に陥りがちで，実際のものとの関連が希薄になったり，応用力が身に付きにくい面がある．

本書では，一般に難解と思われている制御工学を，初学者が理解しやすいように，また実力がつくように工夫して説明することを目的の1つとしている．そのため，理論の展開において飛躍がないように丁寧に説明し，随所に適切な例を載せて理解を助けるようにした．さらに豊富な例題をあげ，章の終りには演習問題を載せて，読者の自学自習によっても理解が深められるようにした．

また，随所に数値計算例を掲げ，必要に応じてそれを計算するためのプログラムも示した．これらを参考にして読者も自分のパソコンでプログラムを作成し，過渡応答や周波数応答をはじめ各種のシミュレーションを実行していただきたい．本書では TURBO C によるプログラムを示したが，読者は自分の得意な言語で作って欲しい．それによって制御理論の理解がより深まるものと思う．

　制御理論は，ワットの蒸気機関の速度制御がきっかけとなった古典制御理論をその始まりとし，多入力多出力系の考えを基礎とした現代制御理論へと進化してきた．しかし現在でも，最も広くほとんどの場面で使用されているのは古典制御理論であり，また制御工学の基本を学ぶのに最も適した理論は古典制御理論である．そして将来，現代制御理論を学ぶにあたっても，まず古典制御理論をしっかりと学んでおくことが重要である．そこで入門書である本書では内容を古典制御理論に限定し，それがよく理解できるようにした．

　制御工学の入門書として，多数のものが出版されているが，それぞれの狙いは必ずしも同じではなく，数学的厳密性を重視したものや，物理的意味を重視したものなど各種ある．本書では，まず制御理論の基本概念を多くの例題を用いてわかりやすく解説するとともに，実際の自動制御系である電気サーボ系ならびに油圧サーボ系の説明を通じて実物との関連性を密にした．本書の特徴を有効に活用していただきたい．

2001年1月

著者代表

北川　能

目　次

第1章　緒　論 ……………………………………… 1
- 1.1　制御とは，自動制御とは ……………………… 1
- 1.2　フィードバック制御系の構成 ………………… 4
- 1.3　制御，制御系の種類 …………………………… 5
  - （1）フィードバック制御とシーケンス制御　5
  - （2）フィードバック制御方式の分類　6

第2章　系の数式表現 ……………………………… 8
- 2.1　系の微分方程式の作成 ………………………… 8
- 2.2　線形化 …………………………………………… 10
- 2.3　ラプラス変換 …………………………………… 12
  - （1）ラプラス変換の定義　12
  - （2）ラプラス変換の諸定理　15
  - （3）ラプラス逆変換　16
  - （4）ラプラス変換による線形微分方程式の解法　20
- 2.4　伝達関数 ………………………………………… 21
- 2.5　ブロック線図 …………………………………… 24
- 演習問題 ……………………………………………… 31

第3章　制御系の過渡応答 ………………………… 35
- 3.1　過渡応答 ………………………………………… 35
- 3.2　一次遅れ系のステップ応答 …………………… 36
- 3.3　二次系のステップ応答 ………………………… 38
- 3.4　過渡応答特性評価のための諸量 ……………… 42
- 3.5　応答のシミュレーション ……………………… 44
- 3.6　定常特性 ………………………………………… 49
  - （1）直結フィードバック系の定常偏差　51

（2）一般のフィードバック系の定常偏差　　55
　　　（3）外乱による定常偏差　　55
　　演習問題 ··· 56

第4章　制御系の周波数応答 ······························· 58
　4.1　周波数応答 ··· 58
　4.2　ベクトル軌跡 ······································· 61
　4.3　ボード線図 ··· 65
　　　（1）一次遅れ系のボード線図　　66
　　　（2）$G(s)=1+Ts$ のボード線図　　68
　　　（3）積分特性 $G(s)=K/s$ のボード線図　　69
　　　（4）二次系のボード線図　　70
　　　（5）ボード線図の描き方　　71
　　　（6）周波数応答の計算プログラム例　　73
　　演習問題 ··· 76

第5章　制御系の安定性 ····································· 78
　5.1　自動制御系の安定性とは ························· 78
　5.2　不安定現象が発生する系 ························· 79
　5.3　制御系の安定判別 ································· 81
　5.4　ラウス・フルビッツの安定判別法 ·············· 84
　5.5　ナイキストの安定判別法 ························· 95
　　演習問題 ··· 102

第6章　制御系の安定度と速応性 ························· 103
　6.1　制御の良さ ··· 103
　6.2　ゲイン余裕と位相余裕 ··························· 104
　6.3　ニコルス線図 ······································· 107
　6.4　根軌跡法 ·· 112
　　演習問題 ··· 125

第7章　サーボ系の構成 ····································· 127

7.1　電気サーボ系の構成 ……………………………… 127
　　（1）直流(DC)サーボモータ　*127*
　　（2）DCサーボモータの伝達関数　*130*
　　（3）慣性負荷の連結　*133*
　7.2　油圧サーボ系の構成 ……………………………… 138
　演習問題 …………………………………………………… 149

第8章　制御系の計画，設計 ……………………………… 151
　8.1　制御系の設計仕様 ………………………………… 151
　8.2　直列補償による設計 ……………………………… 152
　　（1）位相進み補償による設計　*153*
　　（2）位相遅れ補償による設計　*159*
　8.3　フィードバック補償 ……………………………… 162
　8.4　プロセス制御系の設計 …………………………… 164
　　（1）制御対象（プラント）の特性　*165*
　　（2）調節計の制御動作　*166*
　　（3）PID調節系の調整則　*167*
　演習問題 …………………………………………………… 168

演習問題解答 ………………………………………………… 170

付　　録 ……………………………………………………… 180
　1　複素数と複素ベクトル …………………………… 180
　2　複素ベクトルの大きさと偏角 …………………… 180
　3　複素ベクトルの極表示 …………………………… 181
　4　複素数の演算 ……………………………………… 182
　　（1）複素数の和と差　*182*
　　（2）複素数の積と商　*183*
　　（3）互いに共役な複素数の積　*183*

参考文献 ……………………………………………………… 186
索　　引 ……………………………………………………… 187

第1章　緒　　論

1.1　制御とは，自動制御とは

　図1.1のようなテーブル送り装置を想定してみよう．この機構は，フライス盤のテーブル送りなどに採用されている機構で，人（作業者）がハンドルを回して送りねじを回転させ，テーブルを左右に移動させるものである．作業者は切削に適した速度でテーブルを移動させたり，あるいは加工物の寸法精度を出すために所定の目盛りに合わせてハンドルの回転を止め，テーブルの位置決めを行うことができる．人の望むところに従い，前進，後退，高速送り，低速送り，停止等自由自在に操縦でき，しかも状況を観察し，確かめながら作業を進めることができる．このことは，人がテーブルの動きを制御しているということにほかならない．

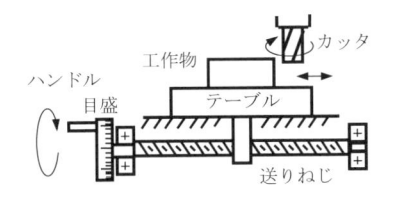

図1.1　テーブル送り機構（手動制御）

　JIS Z 8116 自動制御用語（一般）では，**制御**（control）を次のように定義している．

　「ある目的に適合するように，制御対象に所要の操作を加えること．」

　この定義を図1.1の例に適用すれば，「制御対象」はテーブルであり，「目的」は適当な切削条件，所要の精度が得られるように，テーブルを希望どおり動かすことであり，「所要の操作」はハンドルを回すことである．

　この場合のように，人によって行われる制御を**手動制御**（manual control）という．手動制御では，人が重要な役割を果たしている．どのように動かすか目標を定め，次いでテーブルがどの位置にあるか，目盛りはどこを指しているか，動いている速度はどの位か等の観察（計測）を行う．さらに，その結果が望んでいるものとどれだけ食い違っているか比較し，修正するにはハンドル操作を

どう加減したら良いか判断する．それに基づいて，ハンドルに適当な操作を加えるのである．すなわち，計測→比較→判断→操作を常に行っていることになる．

次に，人の役割を制御装置に任せ，人手に頼らず自動で働かせることを考えてみよう．図1.2がその例である．この装置では，図の左端の入力信号（電圧）e_i がテーブルの位置を指定する命令値である．例えば e_i を増加していくとテーブルは右方に，減少させていくと左方に移動するように指令される．テーブルの移動量（変位）x を検出するために，直流電源をもったポテンショメータが用いられている．

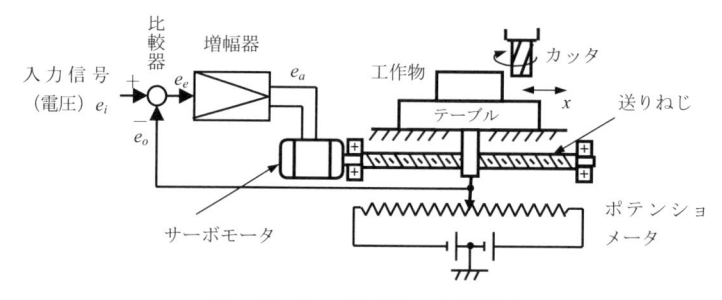

図1.2　テーブル送りの自動制御

ポテンショメータの出力電圧 e_o はテーブルの変位 x に比例する．e_i から e_o を減算（比較）した電圧 e_e がサーボ増幅器の入力となり，増幅された電圧 e_a が直流サーボモータに加えられる．$e_e=0$ ならば，モータに加わる電圧 e_a も0でモータは停止する．モータ軸は加わる電圧の正負により正逆回転し，電圧の絶対値の大小に応じて回転速度が増減する．モータ軸は，送りねじに直結されているので，モータ軸の回転はテーブルを左右に動かす．また，モータの回転方向は常に e_e を減少させる方向にあらかじめ設定されているので，テーブルの変位は命令値である e_i に相当する変位に常に近づくように動作する．すなわち，テーブルは命令値である入力信号に追従するように動くのである．

この装置では，図1.1の手動制御の例における人の役割が比較器，サーボ増幅器，サーボモータに置き換わった形となっている．この例のように，人手によらず自動的に行われる制御を**自動制御**(automatic control)という．

ここで，図1.1と図1.2の装置のブロック線図を図1.3と図1.4のよう

に作成してみる．図が示すように，ブロック線図では，各要素どうしが互いに作用し合い，全体として目的に添った制御を行っている様子をわかりやすく表すことができる．なお，ブロック線図については第2章で説明する．

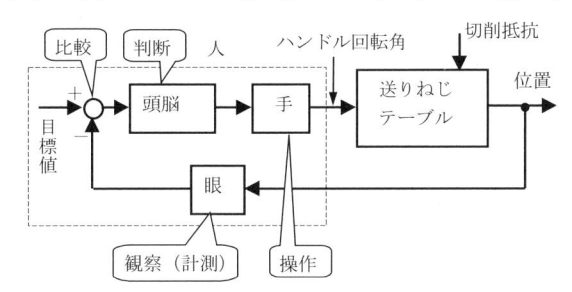

図1.3 手動制御のブロック線図

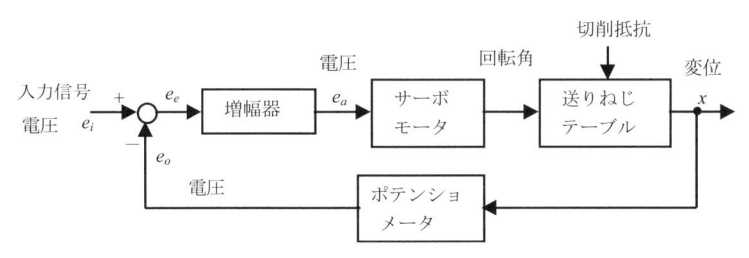

図1.4 自動制御系のブロック線図

　一般に，構成要素単体であっても，複数の構成要素の集まりであっても，また1つの完成した機械や装置であっても，ある役割を組織的に果たしている機能体を**系**または**システム**(system)と呼ぶ．たとえば，自動制御系，ボールねじ-テーブル系，人系などと使われる．

　系には，外部からその系に働きかけ，変化を引き起こす原因となる量と，変化の結果として系の外部に現れ出る量とがある．前者を**入力**(input)，後者を**出力**(output)といい，ブロック線図ではブロックに入ってくる矢印と出て行く矢印で表される．また，量の変化は情報を伝達するという役割も果たしているわけで，その意味で，**信号**(signal)とみなすことも可能であり，**入力信号**(input signal)，**出力信号**(output signal)などと呼ばれる．

　図1.3と図1.4の例では，制御される量（テーブル変位）の信号を指令値である入力信号側に戻し，両者を比較している．このように下流側の信号を上

流側に戻すことを**フィードバック**(feedback)という．また，フィードバックされた量を目標である入力信号と比較し，それらを一致させるように操作の量を生成する制御を**フィードバック制御**(feedback control)という．ブロック線図が示すように，フィードバックを形成している信号の流れをたどると1つの閉じたループ(loop)を形成しているが，これを**フィードバックループ**(feedback loop)という．

1.2 フィードバック制御系の構成

フィードバック制御系は，単純なものから複雑に込み入ったものまで多種多様であるが，標準的な形を図1.5に示す．以下にこの図に関する用語の説明を記しておく[1]．図を参考にしてその働きを理解されたい．

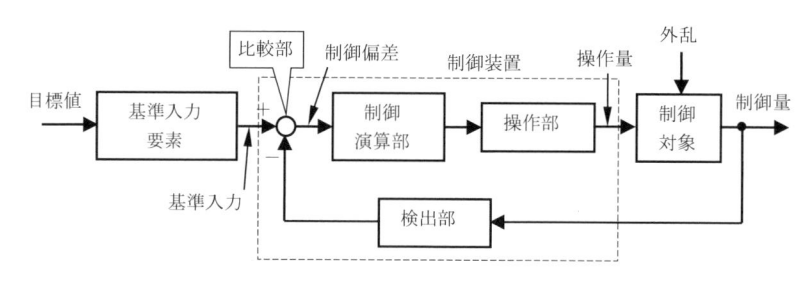

図1.5 フィードバック制御系の構成

（a）**制御量**(controlled variable)　制御対象に属する量のうちで，それを制御することが目的となっている量．前節の例ではテーブルの位置．

（b）**目標値**(desired value, command)　制御系において，制御量がその値を取るように目標として与えられる量．前節の例では目標とするテーブルの位置．

（c）**制御偏差**(deviation, error)　目標値と制御量との差．

（d）**操作量**(manipulated variable, control input)　制御系において，制御量を制御するために制御対象に加える量．前節の例ではモータの回転角度．

（e）**外乱**(disturbance)　制御系の状態を乱そうとする外部からの作用．前節の例では切削力による抵抗など．

---

[1] JIS Z 8116–1994

（f）**制御対象**(controlled object)　　制御の対象となる系で，機械，プロセス，プラントなどの全体または一部がこれに当たる．前節の例ではテーブル．

（g）**制御装置**(controller, control device)　　検出部，比較部，制御演算部，操作部からなり，操作量を生成する装置．

（h）**比較部**(comparing element)　　制御装置において，目標値と，制御量または制御対象からフィードバックされる信号とを比較する部分．

（i）**制御演算部**(controlling element)　　制御装置において，目標値に基づく信号および検出部からの信号を基にして，制御系が所要の働きをするのに必要な信号を作り出して操作部へ送り出す部分．前節の例では増幅器．

（j）**操作部**(final controlling element)　　制御装置において，制御演算部などからの信号を操作量に変えて，制御対象に働きかける部分．前節の例ではサーボモータ．

（k）**検出部**(detecting element)　　制御装置において，制御対象，環境などから制御に必要な信号を取り出す部分．前節の例ではポテンショメータ．

1.3　制御，制御系の種類

（1）フィードバック制御とシーケンス制御

　自動制御は，フィードバック制御とシーケンス制御の2つに大きく分類される．両者は工学的にまったく異なった理論体系で扱われるが，自動化を進めるためには両者の技術が必要であり，両者の併存，連携が不可欠となる．

　フィードバック制御については，すでに1.1で説明した．ここでは，シーケンス制御について簡単に触れておく．**シーケンス制御**(sequential control)とは，予め定められた順序または手続きに従って，制御の各段階を逐次進めていく制御である．図1.6にシーケンス制御による加工の自動化の例を示す．

　この装置では，まず，加工物が第1工程に送られ，位置決め，クランプされる．次いでドリルが回転し，ドリルヘッドが下方に高速で送られ，加工物に当たる直前に穴あけに適した遅い送りに切り替わり，穴あけ加工を行う．ドリルが貫通するとドリルは高速送りで上昇し，元の位置で停止し，ドリルの回転も停止する．各工程におけるすべての加工サイクルが終了すると，加工物は次工程へ送られる．第2工程ではタッピングによるねじ切りを行う．さらに，第3工程へと順次進み，他の加工が行われる．このように複数の工程を同時に実施

し，最終工程で完成品が得られる．

このように，シーケンス制御では，順序どおりつぎつぎと作業を進行させて行く制御であり，フィードバック制御のような量の制御とは本質的に異なる．シーケンス制御の身近な例として，家電製品（例えば全自動電気洗濯機）やエレベータなどがあげられる．

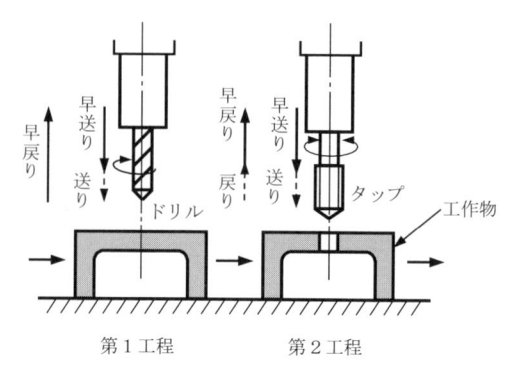

図1.6 シーケンス制御の例

（2）フィードバック制御方式の種類

フィードバック制御は，工業分野，技術の方式，理論体系等いろいろな視点から分類され，その種類も非常に多い．ここでは，その中から2つの分類とそれによる種類を取り上げることにする．

（a）目標値の状態による分類

フィードバック制御は目標値の状態により，定値制御と追従制御の2つに分類できる．

定値制御(set-point control)は，目標値が一定である制御である．例：恒温室の温度制御，周波数の制御など．

追従制御(追値制御，follow-up control, tracking control)は，目標値が変化する制御である．追従制御は，さらにプログラム制御とサーボ系とに分類される．

① **プログラム制御**(program control)は，追従制御であるが，目標値があらかじめ定められたプログラムに従って変化する制御である．例：加熱温度が時間に対して定められたように変化するように設定された熱処理炉．

② **サーボ系**(servo system)は，物体の位置，方位，姿勢，速度，加速度，力などの力学量を制御量とし，目標値の任意の変化に追従するように構成された制御系である．例：ロボットアームの制御，ロケットの姿勢制御，ＮＣ工作機械の工具位置の制御等．しかし，一般には制御量を力学量に限定せず，追従制御を主な目的として構成された制御系をサーボ系と呼ぶ場合

も少なくない．

（b）　制御量の種類による分類

フィードバック制御は制御量の種類により，自動調整，サーボ機構，プロセス制御の3つに分類される．もともと，この3つの制御はそれぞれの工業分野で別々に発達して来たものである．

自動調整(automatic regulation)は，原動機や電動機の調速，電圧調整，周波数制御等に用いられる制御である．

サーボ機構(servomechanism)は，兵器の自動照準，航空機の自動操縦，工作機械のならい制御等で発達した制御系であって，主として制御量は位置である．「サーボ系」と同義語に使われる．

プロセス制御(process control)は，主として化学工業の分野で発達した制御であり，工業プロセスの状態に関する諸量，例えば温度，圧力，流量，液位，組成，品質，効率などの制御である．プロセス制御は定値制御の場合が多いが，プログラム制御が用いられる場合もある．

第2章 系の数式表現

2.1 系の微分方程式の作成

　制御系を解析的に検討したり，仕様を満足するように設計する場合，制御系の動作を数式で表現し，できた数式を実物の動作と見立てて検討することが効果的である．この場合，数式を実物のモデルとして使用するので，数式表現を**数式モデル**(mathematical model)という．

　具体的には，制御系を構成している各要素がそれぞれどんな特性をもち，相互にどのように作用し合っているかを考察し，物理法則や実験結果などを適用して数式を作成する．一般に，数式は主として時間に関する微分方程式である．例として，次の振動系の場合について説明しよう．

　[例1]　図2.1は，おもりをばねとダンパを介して台で支えている系である．この力学系は振動計に用いられ，**サイズモ系**という名称で知られている．いま，台の変位を入力，おもりの変位を出力として微分方程式を作ってみよう．ただし

　　m　；　おもりの質量　　　　k　；ばね定数
　　B　；　ダンパの減衰係数
　　$x(t)$　；台の変位（入力）
　　$y(t)$　；おもりの変位（出力）

とする．ばねとダンパの両端の相対変位（圧縮量）は，両者共 $\{x(t)-y(t)\}$ である．おもりに加わる力は，相対変位に比例するばねの圧縮力と，相対速度に比例するダンパの抵抗力との総和であるので，ニュートンの第2法則により，次式が書ける．

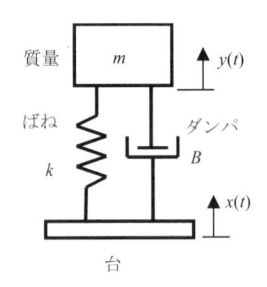

図2.1　振動系

$$m\frac{d^2 y(t)}{dt^2} = k\{x(t)-y(t)\} + B\frac{d}{dt}\{x(t)-y(t)\} \quad (2.1)$$

$y(t)$ に関する項を左辺に，$x(t)$ に関する項を右辺に移項し，整理すると

$$m\frac{d^2y(t)}{dt^2} + B\frac{dy(t)}{dt} + ky(t) = B\frac{dx(t)}{dt} + kx(t) \qquad (2.2)$$

が得られる．式(2.2)が図2.1の系の動作を表す微分方程式，すなわち数式モデルである．

[例2] 図2.2は，タンクに液体を貯めておき，供給する系である．
いま

- $q_i(t)$；タンクへの流入量 [m³/s]
- $q_o(t)$；タンクからの流出量 [m³/s]
- $h(t)$；液位の高さ [m]
- A；液体表面積 [m²]
- A_0；出口オリフィスの開口面積 [m²]
- c；流量係数

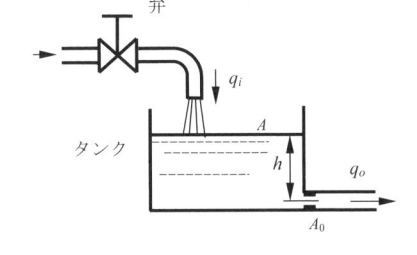

図2.2 流体貯槽系

とする．タンク内の液体量の収支について次式が成り立つ．

$$A\frac{dh(t)}{dt} = q_i(t) - q_o(t) \qquad (2.3)$$

一方，オリフィスを通って流出する流量は，次式で表される．

$$q_o(t) = cA_0\sqrt{2gh(t)} = k_0\sqrt{h(t)} \qquad (2.4)$$

ただし

$$k_0 = cA_0\sqrt{2g}$$

式(2.3)および式(2.4)より

$$A\frac{dh(t)}{dt} + k_0\sqrt{h(t)} = q_i(t) \qquad (2.5)$$

と表され，これが入力 $q_i(t)$ と出力 $h(t)$ との関係を表す微分方程式となる．

式(2.2)は**線形微分方程式**(linear differential equation)であり，式(2.5)は $h(t)$ の1/2乗の項を含むので，**非線形微分方程式**(nonlinear differential equation)である．

線形微分方程式では**重ね合わせの理**(principle of superposition)が成立するが，非線形方程式では成立しない．重ね合わせの理とは，入力 $x_1(t)$ に対する出力が

$y_1(t)$，入力 $x_2(t)$ に対する出力が $y_2(t)$ であるとき，a, b を任意定数として，入力 $ax_1(t)+bx_2(t)$ に対して，出力 $ay_1(t)+by_2(t)$ が成立することをいう．式（2.2）では重ね合わせの理が成立し，式（2.5）では成立しないことを確かめられたい．

本書では，式（2.2）のような**定数係数線形微分方程式**で表される系だけを扱う．定数係数線形微分方程式の一般形は次式で表される．

$$a_0 \frac{d^n y(t)}{dt^n} + a_1 \frac{d^{(n-1)} y(t)}{dt^{(n-1)}} + \cdots + a_{n-1} \frac{dy(t)}{dt} + a_n y(t)$$

$$= b_0 \frac{d^m x(t)}{dt^m} + b_1 \frac{d^{(m-1)} x(t)}{dt^{(m-1)}} + \cdots + b_{m-1} \frac{dx(t)}{dt} + b_m x(t) \qquad (2.6)$$

ここに，$m \leq n$ である．

2.2 線 形 化

自然現象は，多かれ少なかれ非線形特性を有している．非線形性が無視できる程度ならば，近似的に線形系として扱うことができるが，非線形性が無視できないほど大きければ，非線形系として扱う必要がある．しかし，非線形特性を有していても，動作範囲をある範囲内に限定すれば，近似的に線形系として扱うことができる場合が多い．

［例１］ 前節［例２］を再度取り上げよう．表記を簡単にするため，時間の関数を表す(t)を省いて式（2.4）を書き直す．

$$q_o = k_0 \sqrt{h} \qquad (2.7)$$

ここで q_o と h の関係をグラフで示すと，図2.3のような二次曲線となる．

いま，$q_o = Q_0$，$h = H_0$ で平衡状態を保っているとする．当然

$$Q_0 = k_0 \sqrt{H_0} \qquad (2.8)$$

である．

ここで，液面 h が平衡状態から Δh だけ変化したとき，流量 q_o も

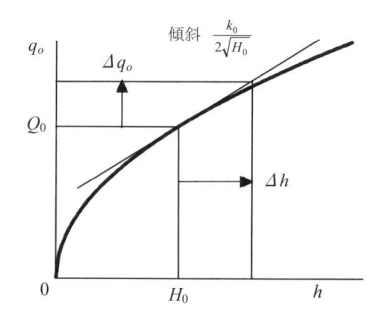

図2.3 流量-液位特性とその線形化

Δq_o だけ変化したとする．式(2.7)は次式で表される．

$$Q_0 + \Delta q_o = k_0\sqrt{H_0 + \Delta h} \tag{2.9}$$

右辺をテイラー級数に展開すると

$$Q_0 + \Delta q_o = k_0\sqrt{H_0} + \frac{1}{1!}\cdot\frac{1}{2}k_0 H_0^{-\frac{1}{2}}\Delta h - \frac{1}{2!}\cdot\frac{1}{4}k_0 H_0^{-\frac{3}{2}}(\Delta h)^2 + \cdots \tag{2.10}$$

と表せる．ここで右辺第3項以降を省略すると，変化分 Δq_o は右辺第2項つまり

$$\Delta q_o = \left.\frac{dq_o}{dh}\right|_{h=H_0}\Delta h = \frac{k_0}{2\sqrt{H_0}}\Delta h \tag{2.11}$$

となる．この式は，図2.3の曲線を座標点 (H_0, Q_0) における接線で近似していることを示している．ここで，改めて座標原点を (H_0, Q_0) に移動し，Δq_o，Δh を q_o，h と表すことにすると

$$q_o = kh \tag{2.12}$$

となる．ここに

$$k = k_0/(2\sqrt{H_0})$$

である．

さて，図2.2の系で，$q_i(t)$，$q_o(t)$，$h(t)$ を平衡状態からの変化分とする．変化分で表しても，式(2.3)はそのまま成立するので，式(2.3)と式(2.12)から

$$A\frac{dh(t)}{dt} + kh(t) = q_i(t) \tag{2.13}$$

となり，式(2.5)の非線形微分方程式で表された液面系も，平衡状態からの変化分をある範囲内に限定し，直線近似で表せば，式(2.13)の線形微分方程式で表すことができる．

一般に，$y = f(x)$ と表される非線形特性を $x = x_0$ の近傍で近似的に

$$\Delta y = \left.\frac{df(x)}{dx}\right|_{x=x_0}\Delta x \tag{2.14}$$

と線形特性で表すことができる．また，$y = f(x_1, x_2, \cdots, x_n)$ の場合には，動作点 $\boldsymbol{x_0} = (x_{10}, x_{20}, \cdots, x_{n0})$ のまわりで次式によって近似できる．

$$\Delta y = \left.\frac{\partial f}{\partial x_1}\right|_{x_0} \Delta x_1 + \left.\frac{\partial f}{\partial x_2}\right|_{x_0} \Delta x_2 + \cdots + \left.\frac{\partial f}{\partial x_n}\right|_{x_0} \Delta x_n \qquad (2.15)$$

ここに x_0 は動作点の座標を表す.このように,非線形特性を近似的な線形特性で表すことを**線形化**(linearization)という.制御系の解析や設計には,線形特性の系が扱いやすく,非線形特性の系を線形化して扱うことが多い.

2.3 ラプラス変換

微分方程式では,ある時間(瞬間)において変化の状態を示しているが,時間の経過に従って状態がどのような変化をたどるか,その状況は見えない.時間の経過に従って,系の状態がどのような変化をたどるかを知るには,微分方程式の解を求めなければならない.

微分方程式の解を求める 1 つの有効な方法として,**ラプラス変換**(Laplace transformation)の利用がある.制御工学においては,ラプラス変換は単に微分方程式の解法に用いられるだけでなく,ラプラス変換された形のままで系の特性を検討できる.

(1) ラプラス変換の定義

ある有限な実数 σ に対して,時間 t の関数 $f(t)$ が

$$\int_0^\infty \left| f(t) e^{-\sigma t} \right| dt < \infty \qquad (2.16)$$

の条件を満足すればラプラス変換が可能であり,$f(t)$ のラプラス変換は次式で定義される.

$$F(s) = \int_0^\infty f(t) e^{-st} dt \qquad (2.17)$$

ここに s は**ラプラス演算子**と呼ばれ,複素数である.すなわち

$$s = \sigma + j\omega \qquad (2.18)$$

で σ と ω は実数であり,j は $\sqrt{-1}$ である.

また,時間 t の関数から複素数 s の関数に変換する意味から

$$F(s) = \mathcal{L}[f(t)] \qquad (2.19)$$

と表す.一般に,t の関数は小文字で表し,そのラプラス変換は大文字で表す.例えば,

$$X(s) = \mathcal{L}[x(t)]$$

などと表す.

式(2.17)の $f(t)$ は $t=0$ から ∞ までの間で用いられ, $t<0$ における $f(t)$ は全く無視されていることに注意しなければならない. つまり, ここで対象としている関数は $t<0$ で $f(t)=0$ であるものとする.

[例1] 単位関数(unit step function) $u(t)$ は次式で定義される時間の関数で, 図2.4で表されるように, $t=0$ で階段状に変化する. すなわち

$$u(t) = \begin{cases} 0 & t<0 \\ 1 & t \geqq 0 \end{cases} \quad (2.20)$$

この関数のラプラス変換を求めよう.

$$U(s) = \mathcal{L}[u(t)] = \int_0^\infty u(t)e^{-st}dt$$
$$= \int_0^\infty e^{-st}dt = \left[-\frac{1}{s}e^{-st}\right]_0^\infty = \frac{1}{s}$$
$$(2.21)$$

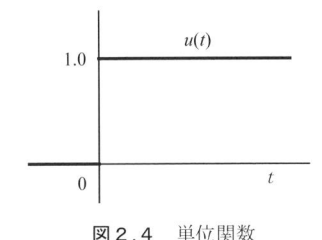

図2.4 単位関数

[例2] $f(t) = e^{-\alpha t}$ のラプラス変換を求める.

$$F(s) = \int_0^\infty e^{-\alpha t}e^{-st}dt = \int_0^\infty e^{-(s+\alpha)t}dt$$
$$= \left[-\frac{e^{-(s+\alpha)t}}{s+\alpha}\right]_0^\infty = \frac{1}{s+\alpha} \quad (2.22)$$

[例3] $f(t) = \cos\omega t$ のラプラス変換を求める.

$$\cos\omega t = \frac{e^{j\omega t}}{2} + \frac{e^{-j\omega t}}{2}$$

であるので, 2つの項それぞれについて式(2.22)を適用する.

$$F(s) = \mathcal{L}\left[\frac{e^{j\omega t}}{2}\right] + \mathcal{L}\left[\frac{e^{-j\omega t}}{2}\right] = \frac{1}{2}\left(\frac{1}{s-j\omega} + \frac{1}{s+j\omega}\right) = \frac{s}{s^2+\omega^2} \quad (2.23)$$

なお, 代表的な関数のラプラス変換を表2.1に掲げておく.

表 2.1 ラプラス変換表

$f(t)$	$F(s)$
デルタ関数 $\delta(t)$	1
単位関数 $u(t)$	$\dfrac{1}{s}$
t	$\dfrac{1}{s^2}$
$e^{-\alpha t}$	$\dfrac{1}{s+\alpha}$
$t\,e^{-\alpha t}$	$\dfrac{1}{(s+\alpha)^2}$
$t^n e^{-\alpha t}$	$\dfrac{n!}{(s+\alpha)^{n+1}}$
$\sin \omega t$	$\dfrac{\omega}{s^2+\omega^2}$
$\cos \omega t$	$\dfrac{s}{s^2+\omega^2}$
$e^{-\alpha t}\sin \omega t$	$\dfrac{\omega}{(s+\alpha)^2+\omega^2}$
$e^{-\alpha t}\cos \omega t$	$\dfrac{s+\alpha}{(s+\alpha)^2+\omega^2}$
$ce^{-\alpha t}\sin(\omega t+\varphi)$ $c=\sqrt{a^2+b^2},\ \varphi=\tan^{-1}\dfrac{a}{b}$	$\dfrac{a(s+\alpha)+b\omega}{(s+\alpha)^2+\omega^2}$ $a=c\sin\varphi,\ \ b=c\cos\varphi$
$\dfrac{\omega_n}{\sqrt{1-\zeta^2}}e^{-\zeta\omega_n t}\sin\sqrt{1-\zeta^2}\,\omega_n t$	$\dfrac{\omega_n^2}{s^2+2\zeta\omega_n s+\omega_n^2}\quad (\zeta<1)$
$1-\dfrac{1}{\sqrt{1-\zeta^2}}e^{-\zeta\omega_n t}\sin(\sqrt{1-\zeta^2}\,\omega_n t+\varphi)$ $\varphi=\cos^{-1}\zeta$	$\dfrac{\omega_n^2}{s(s^2+2\zeta\omega_n s+\omega_n^2)}\quad (\zeta<1)$

(2) ラプラス変換の諸定理

簡単な時間関数のラプラス変換は，表2.1を用い容易に得られるが，ほかに以下の諸定理が必要となる．

1) 線形性

$$F_1(s) = \mathcal{L}[f_1(t)], \quad F_2(s) = \mathcal{L}[f_2(t)]$$

とし，a と b を定数とすれば

$$\mathcal{L}[af_1(t) + bf_2(t)] = aF_1(s) + bF_2(s) \tag{2.24}$$

2) 微分

$$\mathcal{L}\left[\frac{df(t)}{dt}\right] = sF(s) - f(0) \tag{2.25}$$

$$\mathcal{L}\left[\frac{d^2 f}{dt^2}\right] = s^2 F(s) - sf(0) - f^{(1)}(0) \tag{2.26}$$

n 次微分の場合，一般に

$$\mathcal{L}\left[\frac{d^n f(t)}{dt^n}\right] = s^n F(s) - s^{n-1} f(0) - s^{n-2} f^{(1)}(0) - \cdots - f^{(n-1)}(0) \tag{2.27}$$

ここに，$f^{(i)}(t)$ は i 次の微分を表す．

3) 積分

$$\mathcal{L}\left[\int_0^t f(\tau) d\tau\right] = \frac{F(s)}{s} \tag{2.28}$$

4) むだ時間 (time delay)

$f(t)$ を時間 T だけ遅らせた関数 $f(t-T)$ は，図2.5に示されるように $f(t)$ を T だけ t の＋方向に平行移動したものである．ここで，時間 T のことを**むだ時間**という．$f(t-T)$ のラプラス変換は，$f(t)$ のラプラス変換 $F(s)$ に e^{-Ts} を乗じたものとなる．すなわち

$$\mathcal{L}[f(t-T)] = e^{-Ts} F(s) \tag{2.29}$$

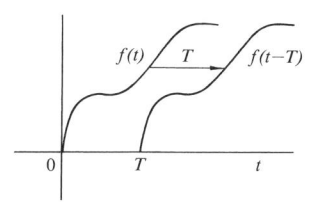

図2.5 むだ時間

ただし，$t<T$ における $f(t-T)$ は 0 とする．

5） **初期値の定理**（initial value theorem）

$$\lim_{t \to 0} f(t) = \lim_{s \to \infty} sF(s) \tag{2.30}$$

6） **最終値の定理**（final value theorem）

$$\lim_{t \to \infty} f(t) = \lim_{s \to 0} sF(s) \tag{2.31}$$

7） $e^{-\alpha t}$ **との積**

$$\mathcal{L}\left[e^{-\alpha t} f(t)\right] = F(s+\alpha) \tag{2.32}$$

8） **たたみこみ**

$$F_1(s)F_2(s) = \mathcal{L}\left[f_1(t) * f_2(t)\right] = \mathcal{L}\left[\int_0^t f_1(\tau) f_2(t-\tau) d\tau\right]$$

$$= \mathcal{L}\left[\int_0^t f_2(\tau) f_1(t-\tau) d\tau\right] \tag{2.33}$$

ここに，$f_1(t) * f_2(t)$ は $f_1(t)$ と $f_2(t)$ との**たたみこみ**（convolution）である．

（3） ラプラス逆変換

ラプラス変換された関数 $F(s)$ から逆に $f(t)$ を求めることを**ラプラス逆変換**（inverse Laplace transform）といい，記号 $\mathcal{L}^{-1}$ を用いて $\mathcal{L}^{-1}[F(s)]$ と表す．

逆変換を求めるための複素積分の公式があるが，ここでは触れない．ここでは，ラプラス変換の公式を利用して逆変換を求める方法について述べる．逆変換するには，その前に**部分分数展開**（partial-fraction expansion）によって公式が当てはまる形に直す必要がある．その例を以下に示す．

[例 1] $F(s) = \dfrac{s+2}{(s+1)(s+3)(s+5)}$ の逆変換を求める．

$F(s)$ を次式のように，部分分数に展開する．

$$\frac{s+2}{(s+1)(s+3)(s+5)} = \frac{k_1}{s+1} + \frac{k_2}{s+3} + \frac{k_3}{s+5}$$

両辺に $(s+1)$ を掛け，左右の辺を入れ替えて

$$k_1 + \frac{k_2(s+1)}{s+3} + \frac{k_3(s+1)}{s+5} = \frac{s+2}{(s+3)(s+5)}$$

ここで $s+1=0$（つまり $s=-1$）とおけば，左辺第2項と第3項は消え

$$k_1 = \left.\frac{s+2}{(s+3)(s+5)}\right|_{s=-1} = \frac{-1+2}{(-1+3)(-1+5)} = \frac{1}{8}$$

となる．ここに，記号 $\left.A(s)\right|_{s=-1}$ は $A(s)$ に $s=-1$ を代入することを意味する．同様に

$$k_2 = \left.(s+3)F(s)\right|_{s=-3} = 1/4$$
$$k_3 = \left.(s+5)F(s)\right|_{s=-5} = -3/8$$

が得られ，次式の逆変換が求められる．

$$f(t) = \frac{1}{8}e^{-t} + \frac{1}{4}e^{-3t} - \frac{3}{8}e^{-5t}$$

［例2］ $F(s) = \dfrac{8}{s(s+2)^3(s+1)}$ の逆変換を求める．

この場合には

$$F(s) = \frac{k_0}{s} + \frac{k_1}{s+1} + \frac{c_1}{s+2} + \frac{c_2}{(s+2)^2} + \frac{c_3}{(s+2)^3}$$

と部分分数に展開し，各項の定数を次のように求める．

$$k_0 = \left.sF(s)\right|_{s=0} = \left.\frac{8}{(s+2)^3(s+1)}\right|_{s=0} = 1$$

$$k_1 = \left.(s+1)F(s)\right|_{s=-1} = \left.\frac{8}{s(s+2)^3}\right|_{s=-1} = -8$$

$$c_3 = \left.(s+2)^3 F(s)\right|_{s=-2} = \left.\frac{8}{s(s+1)}\right|_{s=-2} = 4$$

$$c_2 = \left.\frac{d}{ds}\left\{(s+2)^3 F(s)\right\}\right|_{s=-2} = \left.\frac{8(2s+1)}{-s^2(s+1)^2}\right|_{s=-2} = 6$$

$$c_1 = \left.\frac{1}{2!}\cdot\frac{d^2}{ds^2}\left\{(s+2)^3 F(s)\right\}\right|_{s=-2} = \frac{1}{2!}\cdot\frac{d}{ds}\left\{-\frac{8(2s+1)}{s^2(s+1)^2}\right\}$$

$$= \left.\frac{8(3s^2 + 3s + 1)}{s^3(s+1)^3}\right|_{s=-2} = 7$$

ゆえに

$$f(t) = 1 - 8e^{-t} + 7e^{-2t} + 6te^{-2t} + 2t^2 e^{-2t}$$

[例3] $F(s) = \dfrac{10}{s(s^2 + 2s + 2)}$ の逆変換を求める．

$$F(s) = \frac{10}{s(s+1-j)(s+1+j)} = \frac{k_0}{s} + \frac{k_1}{s+1-j} + \frac{k_2}{s+1+j}$$

と部分分数に展開される．ここに，$j = \sqrt{-1}$ である．k_0，k_1，k_2 は次のように決定される．

$$k_0 = \left.sF(s)\right|_{s=0} = 5$$

$$k_1 = \left.\frac{10}{s(s+1+j)}\right|_{s=-1+j} = \frac{10}{2j(-1+j)} = -\frac{10}{2j\sqrt{2}} e^{+\frac{\pi}{4}j}$$

$$k_2 = \left.\frac{10}{s(s+1-j)}\right|_{s=-1-j} = -\frac{10}{2j(-1-j)} = \frac{10}{2j\sqrt{2}} e^{-\frac{\pi}{4}j}$$

$$f(t) = 5 - \frac{10}{2j\sqrt{2}} e^{\frac{\pi}{4}j} e^{(-1+j)t} + \frac{10}{2j\sqrt{2}} e^{-\frac{\pi}{4}j} e^{(-1-j)t}$$

$$= 5 - \frac{10}{\sqrt{2}} e^{-t} \frac{e^{\left(t+\frac{\pi}{4}\right)j} - e^{-\left(t+\frac{\pi}{4}\right)j}}{2j} = 5 - 5\sqrt{2} e^{-t} \sin\left(t + \frac{\pi}{4}\right)$$

以上の3例を，一般的な形で整理しておこう．

1) $\quad F(s) = \dfrac{Q(s)}{P(s)} = \dfrac{Q(s)}{(s+p_1)(s+p_2)\cdots(s+p_n)}$ （2.34）

ただし，$p_1 \neq p_2 \neq \cdots \neq p_n$ である場合

$$F(s) = \frac{k_1}{s+p_1} + \frac{k_2}{s+p_2} + \cdots + \frac{k_n}{s+p_n} \quad (2.35)$$

と展開され，k_i は次式で求められる．

$$k_i = (s+p_i)F(s)\big|_{s=-p_i} \qquad (2.36)$$

2) $\quad F(s) = \dfrac{Q(s)}{P(s)} = \dfrac{Q(s)}{(s+p_1)(s+p_2)\cdots(s+p_{n-l})(s+p_j)^l} \qquad (2.37)$

ここで $p_1 \neq p_2 \neq \cdots \neq p_{n-l} \neq p_j$ であるが，$(s+p_j)$ の l 乗を含む場合

$$F(s) = \frac{k_1}{s+p_1} + \frac{k_2}{s+p_2} + \cdots + \frac{k_{n-l}}{s+p_{n-l}} + \frac{A_1}{s+p_j} + \frac{A_2}{(s+p_j)^2} + \cdots + \frac{A_l}{(s+p_j)^l} \qquad (2.38)$$

k_1, k_2, k_{n-l} は式(2.36)によって求められる．$A_1, A_2, \cdots, A_l$ は次式による．

$$\left.\begin{aligned}
A_l &= \left[(s+p_j)^l F(s)\right]\big|_{s=-p_j} \\
A_{l-1} &= \frac{d}{ds}\left[(s+p_j)^l F(s)\right]\big|_{s=-p_j} \\
A_{l-2} &= \frac{1}{2!}\frac{d^2}{ds^2}\left[(s+p_j)^l F(s)\right]\big|_{s=-p_j} \\
&\vdots \\
A_1 &= \frac{1}{(l-1)!}\frac{d^{l-1}}{ds^{l-1}}\left[(s+p_j)^l F(s)\right]\big|_{s=-p_j}
\end{aligned}\right\} \qquad (2.39)$$

また，［例3］のように分母に複素根が含まれる場合，共役の複素数が対となって表れる．この場合には，次の公式を使うとよい．

3) $\quad F(s) = \dfrac{ce^{j\varphi}}{2j(s+\alpha-j\beta)} - \dfrac{ce^{-j\varphi}}{2j(s+\alpha+j\beta)} \qquad (2.40)$

の形に展開した場合，逆変換は次式となる．

$$f(t) = ce^{-\alpha t}\sin(\beta t + \varphi) \qquad (2.41)$$

4) $\quad F(s) = \dfrac{ce^{j\varphi}}{2(s+\alpha-j\beta)} + \dfrac{ce^{-j\varphi}}{2(s+\alpha+j\beta)} \qquad (2.42)$

の形に展開すれば，逆変換は次式となる．

$$f(t) = ce^{-\alpha t}\cos(\beta t + \varphi) \qquad (2.43)$$

このように分母を因数分解すると複素数が含まれる場合は，分母を無理に因数分解せず，2乗の和の形にする次の別解もある．

5) $$F(s) = K_1 \frac{\omega}{(s+\alpha)^2 + \omega^2} + K_2 \frac{(s+\alpha)}{(s+\alpha)^2 + \omega^2} \quad (2.44)$$

の形に展開すれば，逆変換は次式となる．

$$f(t) = e^{-\alpha t}(K_1 \sin \omega t + K_2 \cos \omega t) \quad (2.45)$$

[例3] の場合，$F(s)$ は，

$$F(s) = \frac{10}{s(s^2 + 2s + 2)} = \frac{5}{s} - 5\left\{\frac{1}{(s+1)^2 + 1^2} + \frac{(s+1)}{(s+1)^2 + 1^2}\right\}$$

と展開できるので，逆変換は次のように簡単に求まる．

$$f(t) = 5 - 5e^{-t}(\sin t + \cos t)$$

（4）ラプラス変換による線形微分方程式の解法

　線形微分方程式の解を求めるのに，ラプラス変換を用いることができる．元の微分方程式をいったんラプラス変換し，s の関数を扱って代数演算して解のラプラス変換を求める．これを逆変換することによって，時間 t の関数としての解が求められる．

[例1] $\dfrac{d^2 y(t)}{dt^2} + 5\dfrac{dy(t)}{dt} + 4y(t) = 2u(t)$ 　の解を求める．

ただし初期値は $y(0) = 1$，$y^{(1)}(0) = \left.\dfrac{dy(t)}{dt}\right|_{t=0} = -1$ とする．

　まず両辺をラプラス変換する．

$$s^2 Y(s) - sy(0) - y^{(1)}(0) + 5\{sY(s) - y(0)\} + 4Y(s) = \frac{2}{s}$$

初期値を代入して整理すれば

$$(s^2 + 5s + 4)Y(s) = s + 4 + \frac{2}{s} = \frac{s^2 + 4s + 2}{s}$$

$$\therefore Y(s) = \frac{s^2 + 4s + 2}{s(s^2 + 5s + 4)} = \frac{s^2 + 4s + 2}{s(s+1)(s+4)} = \frac{k_0}{s} + \frac{k_1}{s+1} + \frac{k_2}{s+4}$$

さらに，式（2.36）により $k_0 = 1/2$，$k_1 = 1/3$，$k_2 = 1/6$ が求められ，次の解が得られる．

$$y(t) = \frac{1}{2} + \frac{1}{3}e^{-t} + \frac{1}{6}e^{-4t}$$

2.4 伝達関数

図2.1の系で，入力 $x(t)$ と出力 $y(t)$ との関係は式(2.2)

$$m\frac{d^2 y(t)}{dt^2} + B\frac{d y(t)}{dt} + k y(t) = B\frac{d x(t)}{dt} + k x(t) \qquad (2.2)$$

で表された．いま，すべての初期値 $x(0)$，$y(0)$，$y^{(1)}(0)$ を0としてラプラス変換すると，上式のラプラス変換は単に，

$$x(t) \to X(s), \quad y(t) \to Y(s), \quad d/dt \to s, \quad d^2/dt^2 \to s^2$$

と置き換えるだけですむので

$$(ms^2 + Bs + k)Y(s) = (Bs + k)X(s)$$

となる．ここで入出力の比 $Y(s)/X(s)$ を求めると

$$G(s) = \frac{Y(s)}{X(s)} = \frac{Bs + k}{ms^2 + cs + k}$$

が得られる．$G(s)$ は入力と出力との静的かつ動的な関係を表す関数であり，この系の伝達関数と呼ばれる．

この例で示したように，**伝達関数**(transfer function)は次の式で定義される．

$$伝達関数 = \frac{出力のラプラス変換（初期値=0）}{入力のラプラス変換（初期値=0）} \qquad (2.46)$$

もちろん，微分方程式の解を求めるには初期値を考慮に入れなければならない．しかし，制御工学では定常状態からの変動分の動的挙動を問題にすることが多いので，初期値を0として特に不都合は起きない．また，初期値を0にすることで，入力の形に関係なく，系だけの特性を表しうることに伝達関数の特徴がある．

一般に，伝達関数 $G(s)$ を

$$G(s) = \frac{Q(s)}{P(s)} = \frac{K(s-z_1)(s-z_2)\cdots(s-z_m)}{(s-p_1)(s-p_2)\cdots(s-p_n)}$$

のような形で表すことができる．$G(s)$ の分母 $P(s)$ を 0 と置いた式すなわち $P(s)=0$ は系の応答特性を決定する重要な式であり，これを $G(s)$ の**特性方程式**(characteristic equation)という．特性方程式の根 p_1，p_2，$\cdots$，p_n を $G(s)$ の**極**(pole)といい，分子 $Q(s)=0$ の根 z_1，z_2，$\cdots$，z_n を**零点**(zero)という．

［例題2.1］ 図2.6に示す回路で，$e_i(t)$を入力，$e_o(t)$を出力として伝達関数を求めよ．

［解］ ここで，出力側に接続する回路のインピーダンスは極めて大で，出力側には電流は流れないものとする．したがって，R にも C にも同電流 $i(t)$ が流れることになり，次式が得られる．

$$e_i(t) = Ri(t) + \frac{1}{C}\int i(t)dt$$

$$e_o(t) = \frac{1}{C}\int i(t)dt$$

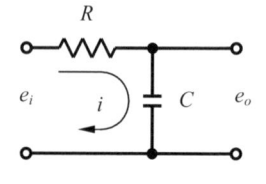

図2.6　一次遅れ回路

初期値を0としてラプラス変換すると

$$E_i(s) = RI(s) + \frac{I(s)}{Cs} = \left(R + \frac{1}{Cs}\right)I(s)$$

$$E_o(s) = \frac{1}{Cs}I(s)$$

となり，伝達関数

$$G(s) = \frac{E_o(s)}{E_i(s)} = \frac{1}{RCs+1} = \frac{1}{Ts+1} \quad (2.47)$$

が得られる．ただし，$T = RC$ である．

伝達関数 $1/(Ts+1)$ または $K/(Ts+1)$ は，分母が s の一次式であるので，このような形の伝達関数をもつ系を**一次遅れ系**（1st-order lag system）あるいは単に**一次系**（1st-order system）という．

さて，この系の入力に単位インパルスを加えてみよう．**単位インパルス関数**（unit-impulse function）$\delta(t)$ は δ（デルタ）関数とも呼ばれ，次式で定義される関数である．

$$\delta(t) = \begin{cases} 0 & t \neq 0 \\ \infty & t = 0 \end{cases} \quad \int_{-\infty}^{\infty} \delta(t)dt = 1 \quad (2.48)$$

この関数は，図2.7のように説明できる．すなわち，幅 a，高さ $1/a$ で面積1であるような長方形波を考える．幅 a を無限小に近づけると，$t = 0$ において高

2.4 伝達関数　23

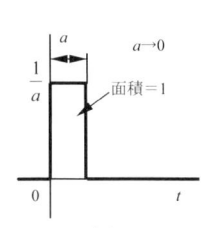

図2.7　単位インパルス関数

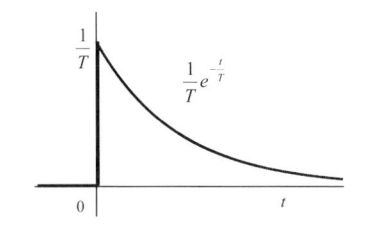

図2.8　一次遅れ系の単位インパルス応答

さ $1/a = \infty$ で面積1の関数となり，式（2.48）を満足する．

δ 関数のラプラス変換は1である．したがって，式（2.47）において入力
$$E_i(s) = \mathcal{L}[\delta(t)] = 1$$
であるから
$$E_o(s) = G(s)E_i(s) = G(s) = \frac{1}{Ts+1} = \frac{1/T}{s+1/T} \qquad \therefore e_o(t) = \frac{1}{T}e^{-\frac{t}{T}}$$
（2.49）

となり，図2.8のような応答となる．

このように，単位インパルスを入力としたときの出力の応答を**単位インパルス応答**（impulse response）という（第3章参照）．単位インパルス応答は伝達関数をそのまま逆変換して得られるので，伝達関数は単位インパルス応答のラプラス変換であるともいえる．

［例題2.2］　図2.9に示す機械振動系で，$x(t)$ を入力，$y(t)$ を出力として伝達関数を求めよ．

［解］　ばねに働く力を $f_1(t)$，ダンパに働く力を $f_2(t)$ とすると
$$f_1(t) = k\{x(t) - y(t)\}$$
$$f_2(t) = B\frac{dy(t)}{dt}$$
$$m\frac{d^2y(t)}{dt^2} = f_1(t) - f_2(t)$$
$$= k\{x(t) - y(t)\} - B\frac{dy(t)}{dt}$$

整理してラプラス変換すると

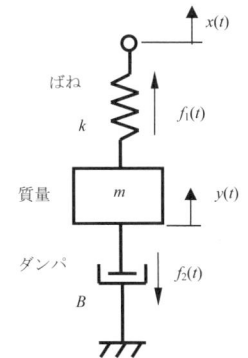

図2.9　機械振動系（二次系）

$$(ms^2 + Bs + k)Y(s) = kX(s)$$

となり，次式の伝達関数が得られる．

$$G(s) = \frac{Y(s)}{X(s)} = \frac{k}{ms^2 + Bs + k} \quad (2.50)$$

式（2.50）のように，伝達関数の分母が s の二次式であり，分子が定数である系を**二次遅れ系**(2nd-order lag system)あるいは単に**二次系**(2nd-order system)という．

2.5 ブロック線図

一般に，制御系は複数の要素によって構成され，それぞれの要素が他の要素と結合し，作用し合うことによって制御系全体の機能が果たされる．制御系をスケッチ図で表すことは，労力を要する上，できた図も込み入って理解し難い場合もある．これをブロック線図で表すと，容易に描ける上，制御系がどんな要素から成り立っているか，各要素がどんな働きをしているか，一目瞭然で理解しやすい．ブロック中に要素名を書き込んで制御系の構成を表すことは，すでに第1章で行ってきた．ブロック線図は，単に系の構成を表すだけでなく，制御系を数学モデルとして扱う場合の手段として用いられる．

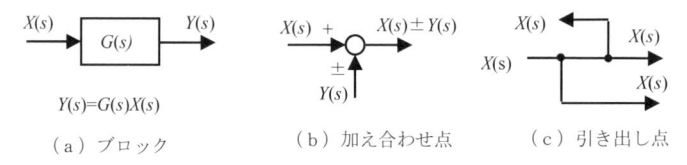

（a）ブロック　$Y(s) = G(s)X(s)$
（b）加え合わせ点
（c）引き出し点

図2.10　ブロック線図の基本記号

ブロック線図では，信号（量の変化）をその伝達の向きに合わせた矢印で表し，図2.10に示されるような3つの要素で作成される．（a）では，**ブロック**と呼ばれる長方形の中に系の伝達関数 $G(s)$ を書きこみ，入力信号 $X(s)$ と出力信号 $Y(s)$ を表す矢印を付ける．この図の場合，$Y(s) = G(s)X(s)$ を表している．（b）は**加え合わせ点**といわれ，2つの入力 $X(s)$ と $Y(s)$ の加減算 $X(s) \pm Y(s)$ を表している．○に向かう信号には，＋または－の符号を付けて，入力信号が加算または減算されることを示す．（c）の**引き出し点**は，必要に応じて同一信号を任意に引き出せることを意味している．

いずれの要素も信号は矢印の向きにだけ進み，逆行はしない．

2.5 ブロック線図

[例1] **直流サーボモータ**の動作原理は一般の定速モータと同様で，入力電圧が加わると整流子とブラシを介して電機子巻線コイルに電流が流れる構造である．この電流は固定子永久磁石による磁界の向きに直角方向に流れるので，フレミング左手の法則によってトルクが発生する(7.1(1)参照)．ただ，サーボモータは定速モータと使用条件が異なり，加速，減速，停止，正転，逆転などを頻繁に繰り返す．このため回転子の慣性モーメントを極力小さくするように設計されている．

図2.11は電機子制御直流サーボモータに，負荷を直結した系を示す．この図は，モータと負荷を記号的に表したものである．負荷は慣性と粘性抵抗である．この系のブロック線図を作成してみよう．　　ここで，

R；　電機子巻線抵抗
J_m；　モータ回転子の慣性モーメント
J_l；　負荷の慣性モーメント
J；　$= J_m + J_l$
B；　負荷の粘性抵抗係数
$e_i(t)$；モータ入力電圧
$i(t)$；　電機子電流
$e_{mf}(t)$；逆起電力
$\omega(t)$；モータ回転速度　　　$\tau(t)$；　モータトルク
K_t；　トルク定数　　　　　K_b；　誘起電圧定数

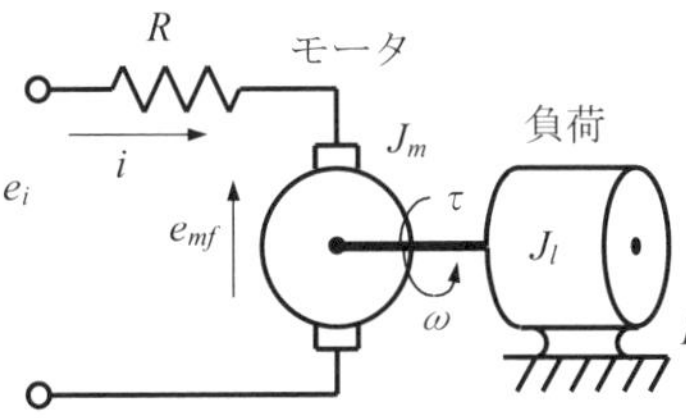

図2.11　直流サーボモータ・負荷系

とする．モータに $e_i(t)$ の電圧を加えると電機子巻線に電流 $i(t)$ が流れる．一方，モータが回転するとフレミング右手の法則による**逆起電力**(back emf) $e_{mf}(t)$ が逆方向に発生し，次式が成り立つ．

$$e_i(t) = Ri(t) + e_{mf}(t) \tag{2.51}$$

e_{mf} は回転速度に比例し，次式で表される．

$$e_{mf}(t) = K_b \omega(t) \tag{2.52}$$

ここで，定数 K_b は**誘起電圧定数**(back-emf constant)と呼ばれる．

また，回転子に発生するトルクは巻線に流れる電流に比例する．すなわち

$$\tau(t) = K_t i(t) \tag{2.53}$$

と表され，K_t を**トルク定数**(torque constant)という．さらに発生トルクは負荷の加速に要するトルクと粘性抵抗によるトルクの和とつり合うので

$$\tau(t) = J\frac{d\omega(t)}{dt} + B\omega(t) \qquad (2.54)$$

と表される．式(2.51)から式(2.54)までをラプラス変換し，次式を得る．

$$I(s) = \frac{1}{R}\{E_i(s) - E_{mf}(s)\} \qquad (2.55)$$

$$E_{mf}(s) = K_b \omega(s) \qquad (2.56)$$

$$\tau(s) = K_t I(s) \qquad (2.57)$$

$$\omega(s) = \frac{1}{Js+B}\tau(s) \qquad (2.58)$$

上記4式をブロック線図で表すと，図2.12(a)，(b)，(c)，(d)のように描け，これをつなぎ合わせると(e)のようになる．

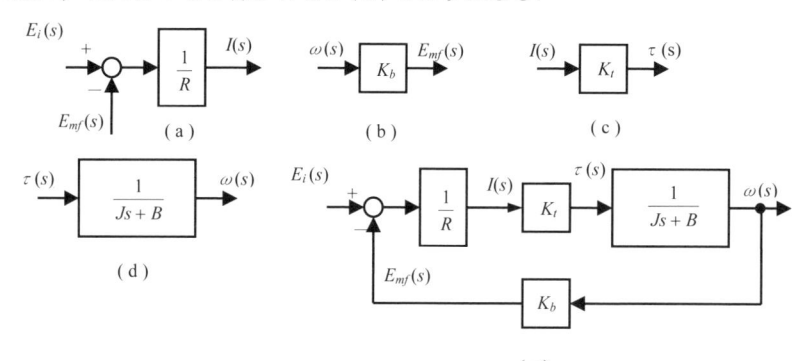

図2.12 直流サーボモータ・負荷系ブロック線図

このように，系のブロック線図はラプラス変換した式から容易に作成することができる．一般には，系全体のブロック線図を作るとき，入力信号を一番左に，出力信号を一番右に配置するようにし，主信号は左から右に，フィードバック信号は逆になるように作っていく．

ブロック線図の等価変換

［例1］で示したように，式からブロック線図を容易に作ることができるが，普通このように作成されたブロック線図は複雑に込み入ってくる場合が多い．できたブロック線図をもっと簡単にしたり，他の形に変えて検討したい場合がある．この場合，入出力の関係にまったく影響を与えずに，形だけを変える等価変換の手段を用いる．表2.2にブロック線図の等価変換の規則を掲げておく．

表2.2 ブロック線図の等価変換

NO		変換前	変換後
1	加え合わせ点位置の変更	$A \pm B \pm C$（加え合わせ点でB，Cの順）	$A \pm B \pm C$（加え合わせ点でC，Bの順）
2	直列	$G_1 \to G_2$	$G_1 G_2$
3	並列	G_1 と G_2 を並列に接続し加え合わせ	$G_1 \pm G_2$
4	加え合わせ点の移動	$(A \pm B)$ に G を乗じて $G(A \pm B)$	A に G，B に G を乗じて加え合わせ $G(A \pm B)$
5	加え合わせ点の移動	A に G を乗じた後 B を加えて $GA \pm B$	A に B/G を加えた後 G を乗じて $GA \pm B$
6	引き出し点の移動	G の後で引き出し GA，GA	A を引き出し，各々に G を乗じて GA，GA
7	引き出し点の移動	G の前で引き出し GA，A	G の後で引き出し，一方に $1/G$ を乗じて A
8	フィードバック系	$A \xrightarrow{+} \bigcirc \to G \to B$，$B \to H \to HB$ 帰還	$\dfrac{G}{1+GH}$ $B = G(A - HB) \;\; \therefore B = \dfrac{G}{1+GH} A$

表 NO.8 における GH のように，フィードバックループを一巡した伝達関数を**一巡伝達関数**(loop transfer function)という．また一巡伝達関数は，ループの一点を切断して開いたときの伝達関数でもあるので，**開ループ伝達関数**(open-loop transfer function)とも呼ばれる．伝達関数 $G/(1+GH)$ は，ループを閉じたときの全体の伝達関数であり，**閉ループ伝達関数**(closed-loop transfer function)と呼ばれる．特に，$H=1$ の系を**直結フィードバック系**(unity-feedback system)という．

[例2] 図2.13の回路のブロック線図を作成し，伝達関数 $E_o(s)/E_i(s)$ を求める．回路図より次式が成り立つ．

$$e_i(t) = R_1 i_1(t) + e_1(t)$$
$$i_1(t) = i_2(t) + i_3(t)$$
$$e_1(t) = \frac{1}{C_1}\int i_3(t)dt$$
$$e_1(t) = R_2 i_2(t) + e_o(t)$$
$$e_o(t) = \frac{1}{C_2}\int i_2(t)dt$$

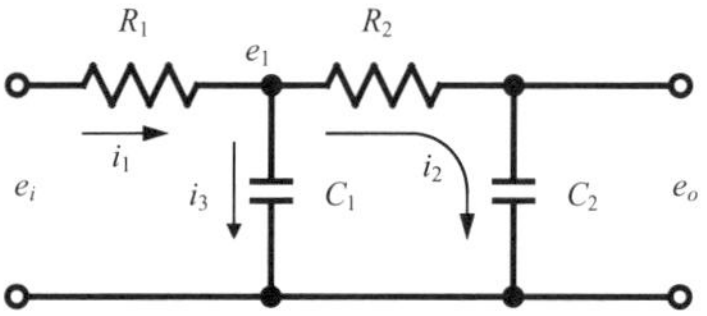

図2.13　2段RC回路

ラプラス変換し，ブロック線図を描きやすい形に直すと

$$I_1(s) = \frac{1}{R_1}\{E_i(s) - E_1(s)\}$$
$$I_3(s) = I_1(s) - I_2(s)$$
$$E_1(s) = \frac{I_3(s)}{C_1 s}$$
$$I_2(s) = \frac{1}{R_2}\{E_1(s) - E_o(s)\}$$
$$E_o(s) = \frac{1}{C_2 s}I_2(s)$$

以上の諸式より図2.14（a）のブロック線図ができる．これを部分的に等価変換して（b）のように直し，さらに（c），（d）と変換して二次系の伝達関数

$$\frac{E_o(s)}{E_i(s)} = \frac{1}{R_1 R_2 C_1 C_2 s^2 + (R_1 C_1 + R_2 C_2 + R_1 C_2)s + 1}$$

が求められる．

(a)

(b)

(c)

$$\frac{1}{R_1 R_2 C_1 C_2 s^2 + (R_1 C_1 + R_2 C_2 + R_1 C_2)s + 1}$$

(d)

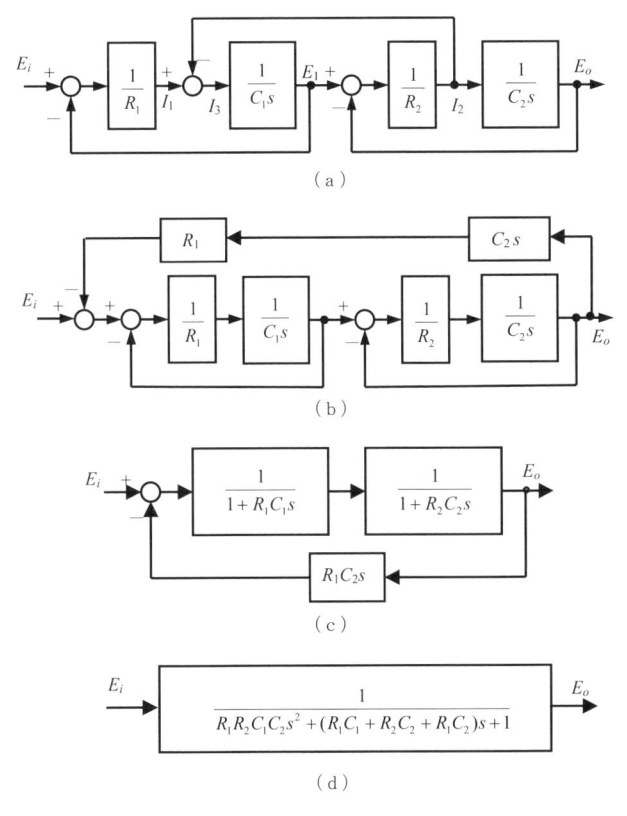

図 2.14　2 段 RC 回路ブロック線図の等価変換

[**例題 2.3**]　図 2.15 は回転テーブルの回転角度を制御する直流サーボ系である．この系のブロック線図を作り，伝達関数 $\theta_o(s)/E_i(s)$ を求めよ．ただし，記号は次のとおりとする．

　　$e_i(t)$；目標値（角度）に相当する入力信号（電圧）
　　$\theta_o(t)$；制御量であるテーブルの回転角度
　　$e_o(t)$；ポテンショメータ出力
　　k_a；増幅器の増幅度　　　k_p；ポテンショメータの係数

サーボモータ
　　R；電機子巻線抵抗　　　J_m；回転子の慣性モーメント
　　K_b；誘起電圧定数　　　　K_t；トルク定数

30　第2章　系の数式表現

$e_{mf}(t)$；逆起電力　　　　　　$\theta_m(t)$；モータ軸の回転角度
$\tau_m(t)$；モータトルク　　　　$i(t)$；電機子電流

負荷

$\tau_l(t)$；負荷軸のトルク　　　J_l；負荷慣性モーメント
B；　負荷粘性抵抗係数　　　　$1/n$；歯車減速比

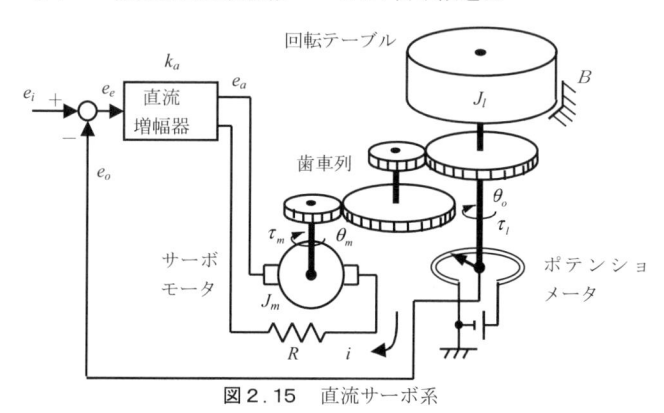

図2.15　直流サーボ系

[**解**]　次の左側のように式を作り，それより右側のラプラス変換を求める．

$$e_e(t) = e_i(t) - e_o(t) \qquad E_e(s) = E_i(s) - E_o(s)$$

$$e_a(t) = k_a e_e(t) \qquad E_a(s) = k_a E_e(s)$$

$$e_a(t) = Ri(t) + e_{mf}(t) \qquad I(s) = \frac{1}{R}\{E_a(s) - E_{mf}(s)\}$$

$$\tau_m(t) = K_t i(t) \qquad \tau_m(s) = K_t I(s)$$

$$\tau_m(t) = J_m \frac{d^2\theta_m(t)}{dt^2} + \frac{1}{n}\tau_l(t) \qquad s\theta_m(s) = \frac{1}{J_m s}\left\{\tau_m(s) - \frac{1}{n}\tau_l(s)\right\}$$

$$\theta_o(t) = \frac{1}{n}\theta_m(t) \qquad \theta_o(s) = \frac{1}{n}\theta_m(s)$$

$$\tau_l(t) = J_l \frac{d^2\theta_o(t)}{dt^2} + B\frac{d\theta_o(t)}{dt} \qquad \tau_l(s) = (J_l s + B)s\theta_o(s)$$

$$e_{mf}(t) = K_b \frac{d\theta_m(t)}{dt} \qquad E_{mf}(s) = K_b s\theta_m(s)$$

$$e_o(t) = k_p \theta_o(t) \qquad E_o(s) = k_p \theta_o(s)$$

右側の式より，順次ブロック線図を組み立てていき，図2.16が得られる．

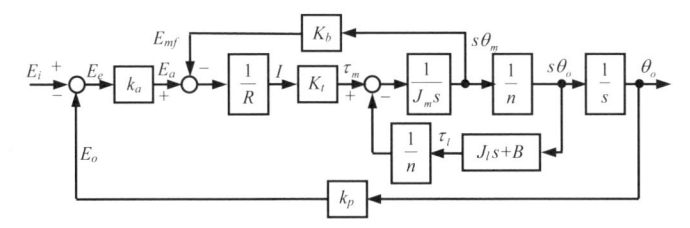

図 2.16　直流サーボ系のブロック線図

このブロック線図で，モータ-負荷系だけの伝達関数
$$\theta_o(s)/E_a(s)$$
を求めておく．等価交換により

$$\frac{\theta_o(s)}{E_a(s)} = \frac{K_m}{s(T_m s + 1)} \qquad (2.59)$$

が得られる．ただし

$$K_m = \frac{K_t}{n(K_t K_b + RB/n^2)} \qquad (2.60)$$

$$T_m = \frac{R(J_m + J_l/n^2)}{K_t K_b + RB/n^2} \qquad (2.61)$$

これより，閉ループ伝達関数 $\theta_o(s)/E_i(s)$ は

$$\frac{\theta_o(s)}{E_i(s)} = \frac{k_a K_m / T_m}{s^2 + (1/T_m)s + k_a K_m k_p / T_m} \qquad (2.62)$$

と求められる．

演 習 問 題

1．次の式を x_0 のまわりで線形化した式で表せ．
　（a）　$y = k \sin ax$　　$(x_0 = 0)$
　（b）　$y = k \tan ax$　　$(x_0 = 0)$
　（c）　$y = ax^2$　　$(x_0 = 1)$
2．図 2.17 のような重量 W，回転軸まわりの慣性モーメント J の振り子をトルク τ で回すときの式を作れ．また，角度 θ が $\theta_0 = 0$，$\pi/4$，$\pi/2$ のまわりの狭い範囲である場合，それぞれ線形化した式で表せ．

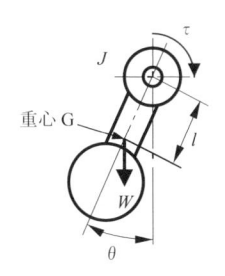

図 2.17

3．次の式をラプラス変換せよ．
   （a） $f(t) = 5e^{-3t}$
   （b） $f(t) = 5te^{-3t}$
   （c） $f(t) = 2e^{-3t}\sin 5t$
   （d） $f(t) = 3e^{-5(t-2)}$ $(t>2)$

4．次の式のラプラス逆変換を求めよ．
   （a） $F(s) = \dfrac{5}{s(s+3)(s+5)}$
   （b） $F(s) = \dfrac{20}{(s+2)^2(s+5)}$
   （c） $F(s) = \dfrac{20}{s(s^2+4s+20)}$
   （d） $F(s) = \dfrac{e^{-0.2s}}{s(0.5s+1)}$ $(t>0.2)$
   （e） $F(s) = \dfrac{10(s+1)}{s^2(s+5)(s+7)}$
   （f） $F(s) = \dfrac{4}{s(s^2+1)(s+2)^2}$

5．次の微分方程式より，伝達関数 $Y(s)/X(s)$ を求めよ．
   （a） $\dfrac{d^3 y(t)}{dt^3} + 2\dfrac{d^2 y(t)}{dt^2} + 4\dfrac{dy(t)}{dt} + 5y(t) = 2\dfrac{dx(t)}{dt} + x(t)$
   （b） $\dfrac{d^2 y(t)}{dt^2} + 4\dfrac{dy(t)}{dt} + 13y(t) = x(t-T)$

6．図 2.18（a），（b）各回路の伝達関数 $E_o(s)/E_i(s)$ を求めよ．

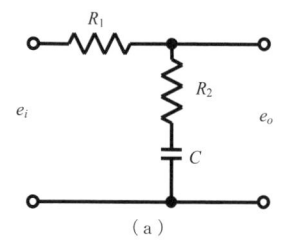

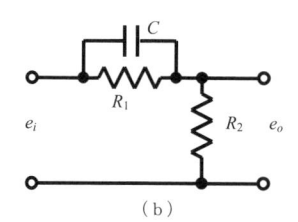

図 2.18

7．図 2.19 の回転伝達系において，入力をトルク $\tau(t)$，出力を回転角度 $\theta_1(t)$，$\theta_2(t)$ とした各場合について伝達関数を求めよ．図の J_1 と J_2 は各軸回りの慣性モーメント，$1/n$ は歯車減速比である．

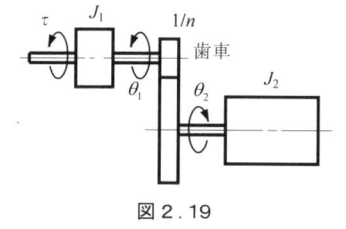

図 2.19

8. 図2.20は，ボールねじの回転により質量 m のテーブルを駆動する系である．駆動トルク $\tau(t)$ を入力，テーブル変位 $x(t)$ を出力として伝達関数を求めよ．ただし，テーブルの案内，ボールねじの摩擦力は無視できるものとする．なお，図の J_s はボールねじの慣性モーメント，p はねじのリードとする．

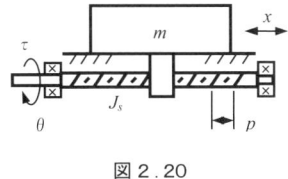

$$\left(\text{ヒント}: m\frac{d^2x(t)}{dt^2}=f(t),\quad \tau(t)=J_s\frac{d^2\theta(t)}{dt^2}+\frac{p}{2\pi}f(t)\right)$$

図2.20

9. 図2.21に示す機械振動系の伝達関数を求めよ．

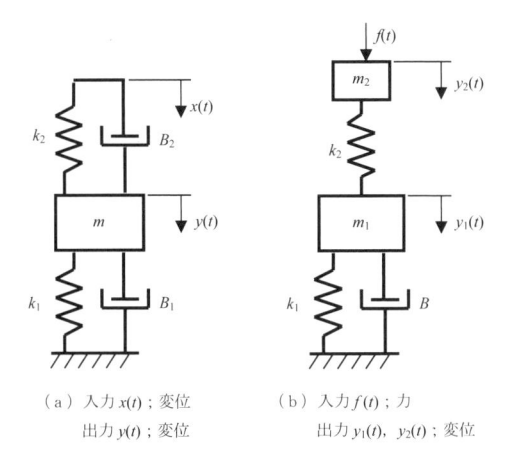

(a) 入力 $x(t)$；変位
　　出力 $y(t)$；変位

(b) 入力 $f(t)$；力
　　出力 $y_1(t)$, $y_2(t)$；変位

図2.21

10. 図2.22に示す流体貯槽系において，$q_i(t)$ を入力，$h_1(t)$ を出力として伝達関数を求めよ．ただし，$h_1(t)$, $h_2(t)$, $q_i(t)$, $q_o(t)$ は定常状態からの変化分とする．また，R_1, R_2 は流路の抵抗であり，式(2.12)の k の逆数である．すなわち $k=1/R$ である．

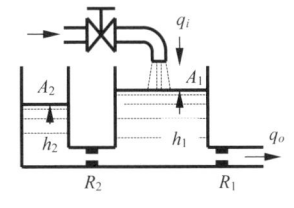

図2.22

11. 図2.23のブロック線図を等価変換し，伝達関数 Y/X を求めよ．

(a), (b), (c) 図2.23

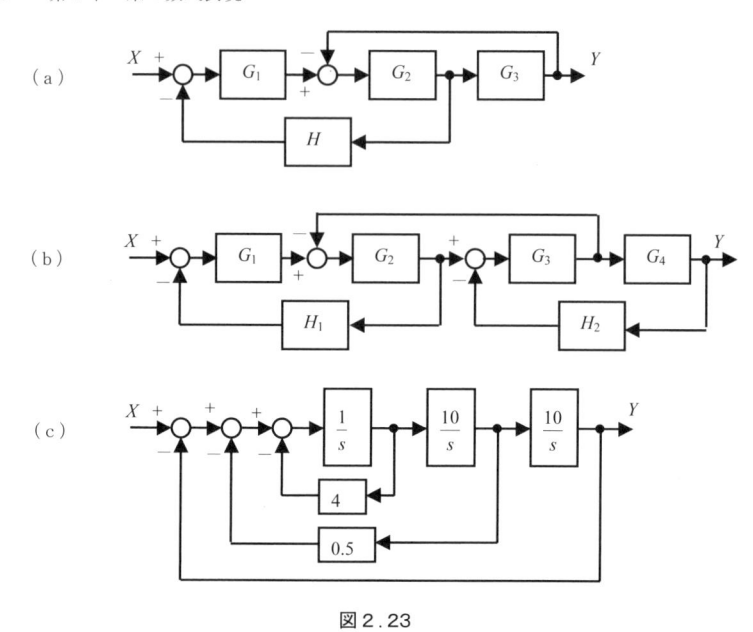

12. 図2.15のサーボ機構の諸元が次の数値である場合，$e_i(t)$ を入力，$\theta_o(t)$ を出力としてブロック線図を作れ．また，一巡伝達関数を求め，出力を $e_o(t)$ とする直結フィードバック系のブロック線図に直せ．さらに閉ループ伝達関数 $E_o(s)/E_i(s)$ を求めよ．

  ポテンショメータ感度； 1.5 V/rad
  増幅器の増幅度； 32 V/V
  モータ
   電機子抵抗； 0.3 Ω
   誘起電圧定数； 0.12 V/(rad/s)
   トルク定数； 1.5×10^{-3} Nm/A
   電機子慣性モーメント； 1.0×10^{-5} kg m^2
  負荷慣性モーメント； 4.4×10^{-4} kg m^2
  歯車減速比； 1/9.5

なお，歯車，負荷の摩擦抵抗は無視できるものとする．

第3章　制御系の過渡応答

3.1　過　渡　応　答

　第1章で述べたように，フィードバック制御系では，制御量を目標値に一致させるような制御動作が常に働いている．追従制御系においては，目標値が時時刻刻変化していて，変化が激しい場合には制御量が目標値から少なからず離れる場合もある．また，定値制御系であっても，予想できない外乱が加わり，そのために制御量が乱されることもある．

　一般に，目標値や外乱の変化の様態は千差万別であって，しかも予想し難いことが多い．そこで，制御系の応答特性を表すのに，定まった形状のテスト信号を入力信号として系に加え，それに対する出力信号の応答を用いる方法がとられる．これには過渡応答と周波数応答があり，この章では過渡応答について，次章で周波数応答について述べることにする．

　系に加えられる入力がある**定常状態**(steady state)から別の定常状態に変化したとき，出力が変化後の定常状態に達するまでの応答を**過渡応答**(transient response)という．一般に，過渡応答には次のものが用いられる．

　（a）　**インパルス応答**(impulse response)　　インパルス入力が加わったときの応答(図3.1(a))．特に，入力が単位インパルス関数(式(2.48))である場合，**単位インパルス応答**という．

　（b）　**ステップ応答**(step response)　　ステップ入力が加わったときの応答(図3.1(b))．特に入力が単位ステップ(単位関数$u(t)$で表される)である場合，**単位ステップ応答**あるいは**インディシャル応答**(indicial response)と呼ばれる．

　（c）　**ランプ応答**(ramp response)　　図3.1(c)で示されるように，時間$t<0$の区間では$x(t)=0$であり，$t>0$で$x(t)=at$(aは定数)である時間関数を**ランプ関数**といい，ランプ関数状入力を単に**ランプ入力**という．ランプ入力が加わったときの応答をランプ応答という．

36　第3章　制御系の過渡応答

一般に，応答特性の評価基準に，ステップ応答が用いられることが多い．その理由はステップ入力が実現しやすく，実験的に応答試験ができること，過渡的な性質を十分表していることである．

そこで，以後のステップ応答を主に取り上げて行くことにする．

(a) インパルス応答　　(b) ステップ応答　　(c) ランプ応答

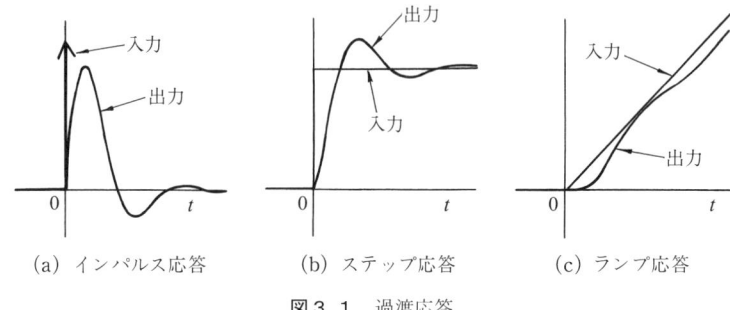

図3.1　過渡応答

3.2　一次遅れ系のステップ応答

前章2.4［例題2.1］のRC回路ですでに説明したように，一次遅れ系の伝達関数は次式で表される．

$$G(s) = \frac{1}{Ts+1} \quad \text{または} \quad G(s) = \frac{K}{Ts+1} \tag{3.1}$$

図2.6のRC回路のほか，図2.2の液位系も式(2.13)から伝達関数 $H(s)/Q_i(s)$ を求めると式(3.1)が得られる．そのほか，熱系，空気タンク系などで，一次遅れ系で表される多くの物理系が存在する．

式(3.1)を入力 $X(s)$ と出力 $Y(s)$ との関係で表すと

$$Y(s) = \frac{1}{Ts+1} X(s) \tag{3.2}$$

となる．ここで入力 $x(t) = u(t)$（単位ステップ）とし，そのラプラス変換 $X(s) = 1/s$ を式(3.2)へ代入する．

$$Y(s) = \frac{1}{s(Ts+1)} = \frac{1/T}{s(s+1/T)} = \frac{1}{s} - \frac{1}{s+1/T}$$

この式を逆変換して，次の式が得られる．

$$y(t) = 1 - e^{-\frac{t}{T}} \tag{3.3}$$

この式が一次遅れ系の単位ステップ応答を表す式である．これをグラフで表すと，図3.2のように，$y(t)$ は初期値 0 から最終値 1 に至る指数関数曲線で表される．この応答曲線で注目すべきことは，$t=T$ で最終値の 63.2%になること，また $t=0$ におけるこの曲線の接線が $t=T$ で最終値と交わることである．T の値が小さければ，$y(t)$ は早く最終値に近づき，T が大きければゆっくり近づくことになる．定数 T のことを一次遅れ系の**時定数**(time constant)という．

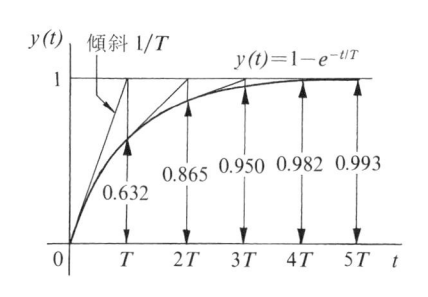

図3.2 一次遅れ系の単位ステップ応答

[**例題3.1**] 棒状温度計の伝達関数を求めよ．ただし
    $\theta_i(t)$；測定対象の温度 [°C]（入力）
    $\theta_o(t)$；温度計の指示値 [°C]（出力）
    $q(t)$；測定対象と温度計間の熱流 [J/s]
    k；熱伝達の係数 [J/(s °C)]
    C；温度計の熱容量 [J/°C]

とする．

[**解**] 熱流は温度差に比例するので
$$q(t)=k\{\theta_i(t)-\theta_o(t)\}$$

また
$$q(t)=C\frac{d\theta_o(t)}{dt}$$

であるから
$$\frac{C}{k}\cdot\frac{d\theta_o(t)}{dt}=\theta_i(t)-\theta_o(t)$$

ラプラス変換して次の伝達関数を得る．
$$\frac{\theta_o(s)}{\theta_i(s)}=\frac{1}{Ts+1}$$

ただし時定数 $T=C/k$ である．

[例題3.2] 棒状温度計で，ある液体を測定する場合の時定数が0.8秒とする．20℃に保たれている温度計を，42℃の液中に挿入した後の温度計指示値を式で表せ．また，指示値が41℃に達するまでの時間を求めよ．

[解] 式(3.3)を当てはめるには，20℃からの温度変化分を適用しなければならない．すなわち

$$\theta_o(t) - 20 = (42 - 20)(1 - e^{-\frac{t}{0.8}})$$

$$\theta_o(t) = 42 - 22e^{-1.25t}$$

が求める式である．41℃に達する時間は上式に$\theta_o(t) = 41$を代入して

$$t = 2.47 \text{s}$$

を得る．

一次遅れ系の単位インパルス応答については，すでに式(2.49)と図2.8で示したので，参考にされたい．

3.3 二次系のステップ応答

サーボ系として代表的な直流サーボ系の例を2.5[例題2.3]に掲げた．そこでは，系は二次系の伝達関数で表された(式(2.62))．また，2.4[例題2.2]の機械振動系も二次系の伝達関数で表された(式(2.50))．このような二次系の伝達関数はパラメータζとω_nを使って

$$G(s) = \frac{Y(s)}{X(s)} = \frac{\omega_n^2}{s^2 + 2\zeta\omega_n s + \omega_n^2} \tag{3.4}$$

の形で表すのが一般的である．たとえば，式(2.50)の場合，式(3.4)と係数を合わせることにより

$$\omega_n = \sqrt{\frac{k}{m}}, \quad \zeta = \frac{B}{2\sqrt{mk}}$$

と求められる．

さて，ここで式(3.4)の伝達関数をもつ系のステップ応答を求めよう．

式(3.4)に$X(s) = 1/s$を代入して

$$Y(s) = \frac{\omega_n^2}{s(s^2 + 2\zeta\omega_n s + \omega_n^2)} \tag{3.5}$$

ここで $s^2 + 2\zeta\omega_n s + \omega_n^2 = 0$ の根をs_1，s_2とおくと

$$\left.\begin{array}{l}s_1 = (-\zeta + \sqrt{\zeta^2-1})\omega_n \\ s_2 = (-\zeta - \sqrt{\zeta^2-1})\omega_n\end{array}\right\} \qquad (3.6)$$

である．したがって式(3.5)を

$$Y(s) = \frac{\omega_n^2}{s(s-s_1)(s-s_2)} \qquad (3.7)$$

と表し，次の3つの場合に分けて逆変換することにする．

① $\zeta > 1$ の場合

$$Y(s) = \frac{\omega_n^2}{s(s-s_1)(s-s_2)} = \frac{k_0}{s} + \frac{k_1}{s-s_1} + \frac{k_2}{s-s_2}$$

とし，k_0，k_1，k_2 を求め，逆変換して次式を得る．

$$y(t) = 1 + \frac{1}{2\sqrt{\zeta^2-1}} \left\{ \frac{1}{\zeta+\sqrt{\zeta^2-1}} e^{-(\zeta+\sqrt{\zeta^2-1})\omega_n t} - \frac{1}{\zeta-\sqrt{\zeta^2-1}} e^{-(\zeta-\sqrt{\zeta^2-1})\omega_n t} \right\}$$

$$(3.8)$$

② $\zeta = 1$ の場合

式(3.5)に，$\zeta = 1$ を代入すると

$$Y(s) = \frac{\omega_n^2}{s(s+\omega_n)^2} = \frac{1}{s} - \frac{\omega_n}{(s+\omega_n)^2} - \frac{1}{s+\omega_n}$$

となり，逆変換して次式を得る．

$$y(t) = 1 - e^{-\omega_n t}(1 + \omega_n t) \qquad (3.9)$$

③ $\zeta < 1$ の場合

この場合，式(3.6)の根号の中が負になるので，次のように書き直す．

$$\left.\begin{array}{l}s_1 = (-\zeta + \sqrt{1-\zeta^2}\,j)\omega_n \\ s_2 = (-\zeta - \sqrt{1-\zeta^2}\,j)\omega_n\end{array}\right\} \qquad (3.10)$$

$$Y(s) = \frac{\omega_n^2}{s(s-s_1)(s-s_2)} = \frac{k_0}{s} + \frac{k_1}{s-s_1} + \frac{k_2}{s-s_2}$$

とおくと

第3章 制御系の過渡応答

$$k_0 = 1, \quad k_1 = \frac{e^{-j\varphi}}{2j\sqrt{1-\zeta^2}}, \quad k_2 = -\frac{e^{j\varphi}}{2j\sqrt{1-\zeta^2}}$$

ただし，

$$\varphi = \tan^{-1}(\sqrt{1-\zeta^2}/\zeta)$$

である．したがって

$$Y(s) = \frac{1}{s} - \frac{e^{j\varphi}}{2j\sqrt{1-\zeta^2}(s+\zeta\omega_n - \sqrt{1-\zeta^2}\omega_n j)} + \frac{e^{-j\varphi}}{2j\sqrt{1-\zeta^2}(s+\zeta\omega_n + \sqrt{1-\zeta^2}\omega_n j)}$$

となり，これに式(2.40)と(2.41)を適用して次式が得られる．

$$y(t) = 1 - \frac{1}{\sqrt{1-\zeta^2}} e^{-\zeta\omega_n t} \sin\left(\sqrt{1-\zeta^2}\omega_n t + \varphi\right) \quad (3.11)$$

ただし，

$$\varphi = \tan^{-1}\frac{\sqrt{1-\zeta^2}}{\zeta} \quad (3.12)$$

式(3.8)，(3.9)，(3.11)を，縦軸 $y(t)$，横軸 $\omega_n t$ としてグラフに表すと，図3.3のようになる．

この図より次のことがわかる． $\zeta<1$ では減衰振動を伴った応答となり， ζ が小さいほど振動的になる．特に $\zeta=0$ となると一定振幅の正弦波振動が持続する． ζ が大きくなると制動がよく効き，振幅が早く小さくなって振動的な動きが押さえられた応答となる． $\zeta>1$ ではまったく振動を伴わず， $y(t)$ は1を越えないで1に近づく． $\zeta=1$ では両者の境界であるが，振動は起きない．このように ζ は減衰の程度を表しているので， ζ のことを**減衰比**（damping ratio）という．

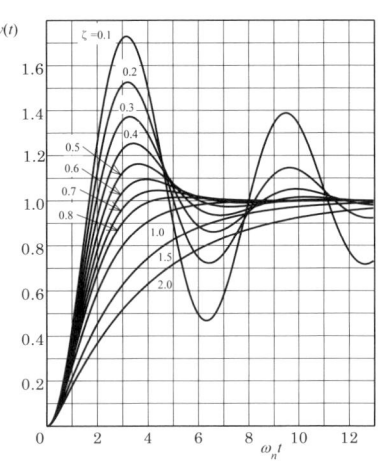

図3.3 二次遅れ系のステップ応答

3.3 二次系のステップ応答

次に，ω_n について述べる．いま，横軸を t で目盛り，ζ を一定とし，$\omega_n=0.5$，1，2 の3つの曲線をかくと，図3.4のようになる．ω_n が2倍になれば，応答時間だけが半分に縮まり，ω_n が 0.5 倍になれば，応答時間が 2 倍に引き伸ばされた形となる．このように，ω_n は応答速度

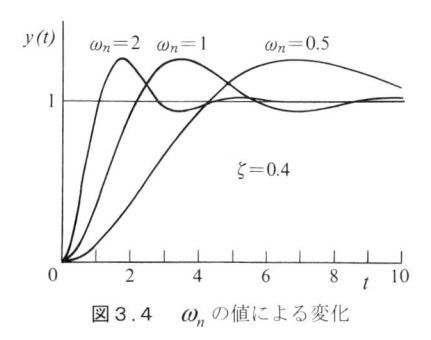

図3.4 ω_n の値による変化

を決定するパラメータであり，**固有角周波数**(undamped natural frequency)と呼ばれる．なお，ω_n は $\zeta=0$ における振動の角周波数である．このように，ζ と ω_n はそれぞれ独立した特性を左右するパラメータであることがわかる．

次に，式(3.6)の s_1 と s_2 が応答にどのように関わってくるかを考察しよう．s_1 と s_2 は二次系の特性方程式

$$s^2 + 2\zeta\omega_n s + \omega_n^2 = 0 \tag{3.13}$$

の2根である．この式の $\zeta<1$ における2根，式(3.10)をふたたび取り上げよう．

$$\left.\begin{array}{l} s_1 = (-\zeta + \sqrt{1-\zeta^2}\,j)\omega_n \\ s_2 = (-\zeta - \sqrt{1-\zeta^2}\,j)\omega_n \end{array}\right\} \tag{3.14}$$

これを複素平面上にプロットしたものが図3.5である．s_1 と s_2 の実部 $-\zeta\omega_n$ は実軸上への投影成分であり，式(3.11)中に $e^{-\zeta\omega_n t}$ として現れている．式(3.11)で表される応答曲線は，図3.6のように2本の包絡線ではさまれ，この包絡線に接しながら減衰していく．これより，根の実軸への成分 $-\zeta\omega_n$ が減衰の程度に影響していることがわかる．また，虚軸の成分 $\pm\sqrt{1-\zeta^2}\,\omega_n j$ は，式(3.11)の

$$\sin(\sqrt{1-\zeta^2}\,\omega_n t + \varphi)$$

となって現れ，減衰振動の角周波数を表している．

さらに，$\cos\gamma = \zeta$ であるので，角度 γ が

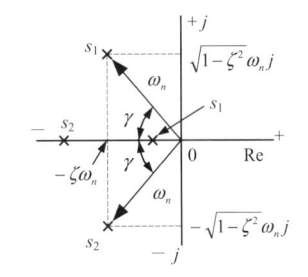

図3.5 特性方程式の根のプロット

42 第3章 制御系の過渡応答

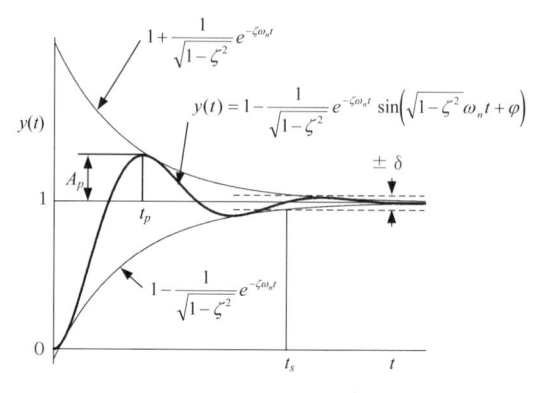

図3.6 振幅の減衰状況

ζ の大きさを決定する．すなわち，γ が大きくなって，s_1，s_2 が虚軸に近づくほど ζ は小さくなり，振動的な応答となる．さらに虚軸を超えて右側に達すると，振幅が時間とともに増大する不安定な応答となる．逆に，γ を小さくしていくと減衰のよく効いた振動的な応答となり，s_1，s_2 が実軸上に達するとついに振動が消える．実軸上の2根 s_1，s_2 は，式（3.8）の $e^{s_1 t}$ と $e^{s_2 t}$ に現れている．

また，原点から2つの複素根 s_1，s_2 までの距離は ω_n であり，根の原点からの距離が大きければ応答が速くなり，小さければゆっくりした応答になる．

3.4 過渡応答特性評価のための諸量

出力が，ステップ入力にできるだけ早く近づき一致することが望ましいことはいうまでもない．しかし，普通の系では出力が入力の急激な変化に追随し切れず，過渡的な乱れを生じ，最終値に達するまでに多かれ少なかれ時間を要する．この乱れの程度や，いかに早く最終値に収束するかを数値で表した量が，評価基準として設計仕様などに用いら

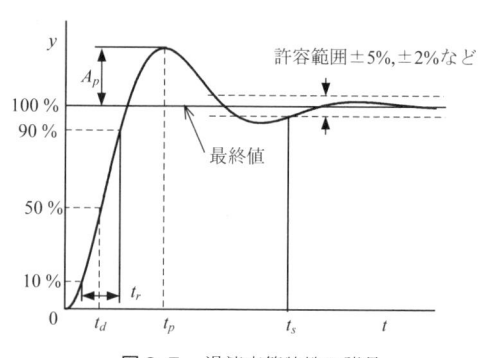

図3.7 過渡応答特性の諸量

れる．これらの諸量には，次のようなものが定められている（図3．7参照）．

（a）　**立上り時間**（rise time）　t_r　　入力が変化した直後，出力が指定された値から他の指定された値に達するのに要する時間．たとえば，最終値の10%から90%，0%から100%など．

（b）　**遅れ時間**（delay time）　t_d　　ステップ応答で，出力が入力から遅れる時間．たとえば次のように取り決められる．最終値の50%に達する時間，最初の行き過ぎの極大値に達するまでの時間など．

（c）　**行き過ぎ量**（overshoot）　A_p　　出力が最終値を越えた最初の極大値と最終値との隔たりを最終値の百分率で表したもの．たとえば行き過ぎ量15%などと表す．

（d）　**行き過ぎ時間**（peak time）　t_p　　最初の極大値に達するまでの時間．

（e）　**整定時間**（settling time）　t_s　　出力が最終値のまわりの指定された許容範囲内（たとえば±5%，±2%など）に納まるまでに要する時間．

二次系の場合

二次系の行き過ぎ時間は，式（3.11）で表される $y(t)$ が最初に最大値を示す時間であるから，$dy/dt = 0$ となる t を求めることによって得られる．その結果

$$t = \frac{n\pi}{\omega_n\sqrt{1-\zeta^2}} \qquad n = 0, 1, 2, \cdots \tag{3.15}$$

が得られるが，最初の最大値は $n=1$ の時なので

$$t_p = \frac{\pi}{\omega_n\sqrt{1-\zeta^2}} \tag{3.16}$$

となる．t_p を式（3.11）の t に代入すると，最初の最大値 y_p が得られる．

$$y_p = 1 + e^{-\pi\zeta/\sqrt{1-\zeta^2}}$$

行き過ぎ量は，

$$A_p = y_p - 1 = e^{-\pi\zeta/\sqrt{1-\zeta^2}} \tag{3.17}$$

普通これを百分率，%で表す．ζ と A_p の関係を図3.8に示す．

つぎに，二次系の整定時間を求めよう．整定時間は図3.7に示されるように，応答曲線が許容範囲内にちょうど納まる時間で定義されるが，このように求めた整定時間は ζ の変化に対して不連続となり，求める手順が煩わしい．そこで，

図3.6に示すように2本の包絡線が許容範囲(最終値±δ)を示す破線と交わる時間で代用するものとする.

$$\frac{1}{\sqrt{1-\zeta^2}}e^{-\zeta\omega_n t_s} = \delta$$

より，次式の t_s が求められる．

$$t_s = -\frac{1}{\zeta\omega_n}\log_e(\delta\sqrt{1-\zeta^2})$$

（3.18）

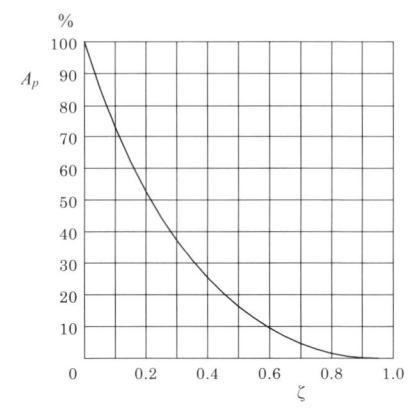

図3.8 行き過ぎ量 A_p と ζ の関係

3.5 応答のシミュレーション

前節まで一次遅れ系と二次系の過渡応答を数式で表し，その性質を述べてきた．三次以上の高次系であっても，その応答の数式解を得ることは可能である．

この節では，数式解でなく，コンピュータによるシミュレーションによって解を求める方法について述べる．この方法では，線形系だけでなく，非線形系にも適用可能である．微分方程式の数値解法にはオイラーの方法などがあるが，ここでは計算精度の高い**ルンゲ・クッタの方法**(Runge-Kutta method)を用いることにする．

ルンゲ・クッタの方法で微分方程式の解を求めるには，次の手順による．

微分方程式

$$\frac{dy}{dt} = f(t, y)$$

（3.19）

で，t の増分を Δt とする．最初に初期値 t_0，y_0 が与えられ，これを元に $t_1 = t_0 + \Delta t$ における y_1 を求める．以後，順次 t_i，y_i より次の段階の t_{i+1}，y_{i+1} を求めていく．各段階で

$$k_1 = \Delta t \cdot f(t_i, y_i)$$
$$k_2 = \Delta t \cdot f(t_i + t/2, y_i + k_1/2)$$
$$k_3 = \Delta t \cdot f(t_i + t/2, y_i + k_2/2)$$
$$k_4 = \Delta t \cdot f(t_i + t, y_i + k_3)$$

を求め，次式へ代入する．

$$y_{i+1} = y_i + \frac{1}{6}(k_1 + 2k_2 + 2k_3 + k_4) \tag{3.20}$$

k_1，k_2，k_3，k_4 の求め方の意味を図示したものが，図3.9である．

[例1] 一次遅れ系の単位ステップ応答をルンゲ・クッタの方法で求め，応答曲線をグラフで表す．伝達関数

$$\frac{Y(s)}{X(s)} = \frac{1}{Ts+1}$$

を微分方程式の形に書き直すと

$$\frac{dy(t)}{dt} = f(t,y) = \frac{1}{T}\{x(t) - y(t)\}$$

となる．初期値 t_0，y_0，時間刻み $\Delta t = 0.05s$ を設定し，ルンゲ・クッタの方法で y_i を計算するプログラムの例をリスト3.1に示す．また，これによって得られた y_I をプロットしてできた応答曲線が図3.10である．

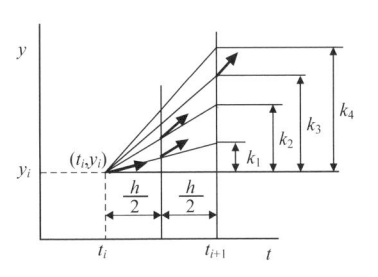

図3.9 k_1, k_2, k_3, k_4 の求め方

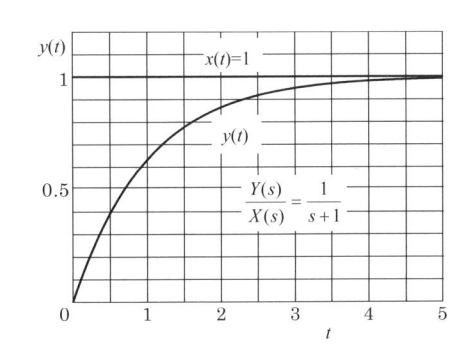

図3.10 一次遅れ系ステップ応答のシミュレーション結果

リスト3.1

```
/**************************************************/
/*      Program Name:   Simu1.c                   */
/**************************************************/
#include <stdio.h>

/* function prototype */
double fnc(double t, double y);
double RunKut(double t, double y, double dt);
/*==================================================*/
/*           Main Program                          */
/*==================================================*/
main()
{
```

```
     double t=0.0, y=0.0, dy, tmax=5.0, dt=0.05;
     FILE *fp;
      if((fp = fopen("t_y.dat","w")) == NULL){
       printf("ファイルが開きません.\n");
       exit(1);
      }
      fprintf(fp,"%12.4e %12.4e\n",t,y);

     do
       {
        y = RunKut(t, y, dt);
        t += dt;
        fprintf(fp,"%12.4e %12.4e\n",t ,y);
       } while ( t <= tmax );
        fclose(fp);
     }

     /*=========================================*/
     /*  Runge-Kutta Function                   */
     /*=========================================*/
     double RunKut(double t, double y, double dt)
     {
       double k1, k2, k3, k4, yy;

       k1 = dt*fnc(t, y);
       k2=  dt*fnc(t+0.5*dt, y+0.5*k1);
       k3 = dt*fnc(t+0.5*dt, y + 0.5*k2);
       k4 = dt*fnc(t+dt, y+k3);
       yy = y + (k1 + 2*k2 + 2*k3 + k4)/6.0;
      return yy;
     }

     /*=========================================*/
     /*  Function  f(t, y) = dy/dt              */
     /*=========================================*/
     double fnc(double t, double y)
      {
       double T = 1.0, x = 1.0, f;

         f = (x - y) / T;
       return f;
      }
```

[例2]　次の例として，図3.11に示された系の単位ステップ応答を，ルンゲ・クッタの方法で求めてみる．この系の閉ループ伝達関数は次式となる．

$$\frac{Y(s)}{X(s)} = \frac{22(s+0.2)}{s^3 + 5.02\,s^2 + 22.1\,s + 4.4}$$

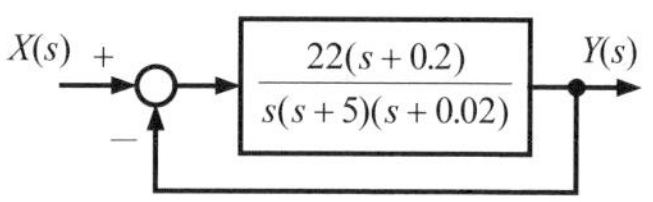

図3.11　[例2]の系

この場合には，分母と分子に s^{-3} をかけ，さらに変数 $Z(s)$ を追加して

$$\frac{Y(s)}{X(s)} = \frac{(22\,s^{-2} + 4.4\,s^{-3})Z(s)}{(1 + 5.02\,s^{-1} + 22.1\,s^{-2} + 4.4\,s^{-3})Z(s)}$$

とおき，分母と分子を次式とする．
$$X(s) = (1 + 5.02\,s^{-1} + 22.1\,s^{-2} + 4.4\,s^{-3})Z(s)$$
$$Y(s) = (22\,s^{-2} + 4.4\,s^{-3})Z(s)$$

いま，$s^{-3}Z(s) = Z_1(s)$，$s^{-2}Z(s) = Z_2(s)$，$s^{-1}Z(s) = Z_3(s)$ とおくと
$$sZ_1(s) = Z_2(s)$$
$$sZ_2(s) = Z_3(s)$$
$$sZ_3(s) = Z(s) = X(s) - 4.4Z_1(s) - 22.1Z_2(s) - 5.02Z_3(s)$$

が得られ，$Y(s)$ は次の式となる．
$$Y(s) = 4.4Z_1(s) + 22Z_2(s)$$

これらを逆変換し，次のように表す．
$$\dot{z}_1 = f_1(t, z_1, z_2, z_3) = z_2$$
$$\dot{z}_2 = f_2(t, z_1, z_2, z_3) = z_3$$
$$\dot{z}_3 = f_3(t, z_1, z_2, z_3) = x - 4.4z_1 - 22.1z_2 - 5.02z_3$$
$$y = 4.4z_1 + 22z_2$$

上の3式は一階の連立微分方程式であり，これにルンゲ・クッタの方法を適用したプログラムをリスト3．2に示す．また，このプログラムによって得られた結果をプロットしてできた曲線が図3．12である．

なお，ルンゲ・クッタの方法を用いて，ブロック線図の形を崩さず，そのままの形から直接データを入力できる汎用的なプログラムを作成することもできる．さらに，非線形特性を含んだ系のプログラムも作成可能である．

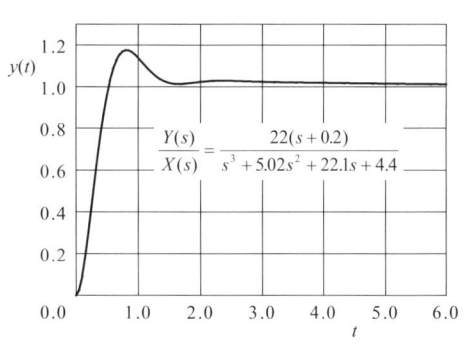

図3．12 高次系ステップ応答のシミュレーション結果

$$\frac{Y(s)}{X(s)} = \frac{22(s+0.2)}{s^3 + 5.02s^2 + 22.1s + 4.4}$$

リスト3．2

```
/***********************************************/
/*    Program Name:   SIMU2.C                  */
/***********************************************/
#include <stdio.h>
/* function prototype */
```

```
void fnc(double t, double z[],double f[]);
double outputfnc(double z[]);
double RunKut(double t, double z[], double h);

/*===============================*/
/*     Main Program             */
/*===============================*/
main()
{
  double t=0.0, y=0.0, dy, tmax=6.0, dt=0.05;
  double z[3] = {0.0, 0.0, 0.0};
  int i;

  FILE *fp;
  if((fp = fopen("t_y.dat","w")) == NULL){
    printf("ファイルが開きません.\n");
    exit(1);
  }
  fprintf(fp,"%12.4e %12.4e\n",t,y);

  do
   {
     y = RunKut(t, z, dt);
     t = t + dt;
     fprintf(fp,"%12.4e %12.4e\n",t ,y);
   } while (t <= tmax );
  fclose(fp);
}

/*====================================================*/
/*     Runge-Kutta Function                          */
/*====================================================*/
double RunKut(double t, double z[], double dt)
{
  int i;
  double k1[3],k2[3],k3[3], k4[3], f[3], zz[3], yy;
    for(i=0; i<3; i++){
      fnc(t, z, f);
      k1[i] = dt*f[i];
      zz[i] = z[i] + 0.5*k1[i];
    }
    for(i=0; i<3; i++){
      fnc(t + 0.5*dt, zz, f);
      k2[i] = dt*f[i];
      zz[i] = z[i] + 0.5*k2[i];
    }
    for(i=0; i<3; i++){
      fnc(t+0.5*dt, zz, f);
      k3[i] = dt*f[i];
      zz[i] = z[i] + k3[i];
    }
    for(i=0; i<3; i++){
      fnc(t+dt, zz, f);
       k4[i] = dt*f[i];
        }

    for(i=0; i<3; i++)
        z[i] = z[i] + (k1[i]+2.0*k2[i]+2.0*k3[i]+k4[i])/6.0;
        yy = outputfnc(z);
        return yy;
    }
```

```
/*==========================================*/
/*    dz/dt Function                        */
/*==========================================*/
void fnc(double t, double z[], double f[])
{
  double x = 1.0;

  f[0] = z[1];
  f[1] = z[2];
  f[2] = x - 4.4*z[0] - 22.1*z[1] - 5.02*z[2];
}
/*==========================================*/
/*    Function  y = f(z)                    */
/*==========================================*/
double outputfnc(double z[])
{
  double y;
  y = 22*z[1] + 4.4*z[0];
  return y;
}
```

3.6 定常特性

　制御系の時間応答は，過渡応答と定常応答に分けて考えることができる．過渡応答が定常状態(steady-state)に落ち着くまでの変動的な応答であるのに対し，**定常応答**(steady-state response)は入力の定常状態の変化に応じた出力の定常状態の変化である．実際の制御系では入力または外乱が変化した後，すぐに過渡応答成分が消え，定常応答成分だけが残るが，数学的には時間 $t \to \infty$ として求める．いま，系の出力を $y(t)$ とし，$y(t)$ の定常状態に達したときの値を y_{ss} とすれば

$$y_{ss} = \lim_{t \to \infty} y(t) \qquad (3.21)$$

である．

　図3.13のように，伝達関数が $W(s)$ である系の単位ステップ応答では，入力

$$X(s) = \frac{1}{s}$$

であるから

$$Y(s) = W(s) \cdot \frac{1}{s}$$

であり，これにラプラス変換の最終値の定理(式(2.31))を用いれば

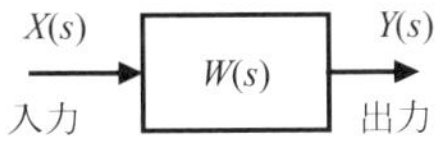

図3.13　系 $W(s)$

$$y_{ss} = \lim_{t \to \infty} y(t) = \lim_{s \to 0} sY(s) = \lim_{s \to 0} W(s) \qquad (3.22)$$

となり，逆変換しなくても伝達関数から直接求められる．

[**例1**] 図3.14（a）に示す系の閉ループ伝達関数$W(s)$は

$$W(s) = \frac{0.9}{0.05s + 1}$$

となるので，単位ステップ応答は

$$y(t) = 0.9(1 - e^{-20t})$$

となり，同図（b）の応答となる．定常状態における$y(t)$の値は$y_{ss} = \lim_{t \to \infty} y(t)$より 0.9 が得られるが，式（3.22）からも

$$y_{ss} = \lim_{s \to 0} \frac{0.9}{0.05s + 1} = 0.9$$

が得られ，同一結果がより容易に求められる．

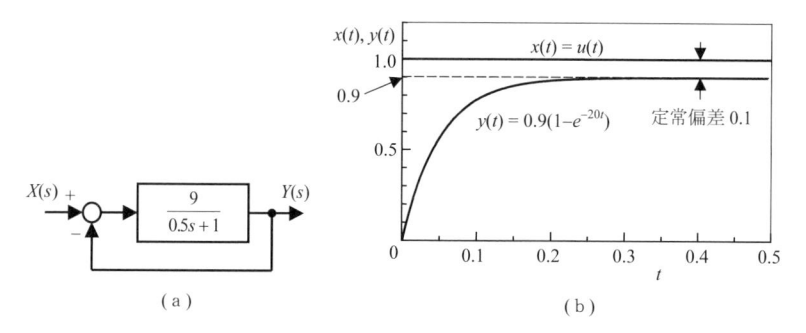

図3.14 定常偏差の例

この場合，目標値 $x(t)=1$ に対して，制御量の定常値 $y_{ss}=0.9$ が定常値（最終値）なので，定常状態に達しても 0.1 の誤差が残ることになる．

そもそもフィードバック制御の目的は制御量を目標値に一致させることにあるが，この例のように定常状態になっても誤差が残る場合がある．このような誤差，すなわち，過渡応答が消えて定常状態に達したとき，一定値に落ち着いた制御偏差を**定常偏差**（steady-state error）という．

非線形特性（例えばバックラッシ）が定常偏差の原因になりうることは容易に理解できよう．そのような有害な非線形特性が存在しない普通の線形系であっ

3.6 定常特性　*51*

ても，上の例のように定常偏差が生じることがある．それでは，どのような線形系に対して，どのような入力が加わった場合に定常偏差が生じるか，それを減少させたり取り除くためにはどのような条件にしたらよいかを見ていこう．定常偏差には，入力によるものと外乱によるものとがあるが，まず，入力による定常偏差について述べることにする．

（1）直結フィードバック系の定常偏差

図3.15に示す直結フィードバック系の定常偏差 e_{ss} は，最終値の定理を用い次のように求められる．

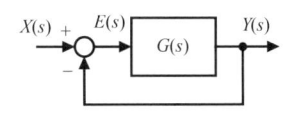

図3.15　直結フィードバック系

$$e_{ss} = \lim_{t \to \infty} e(t) = \lim_{s \to 0} sE(s) = \lim_{s \to 0} \frac{s}{1+G(s)} \cdot X(s) \qquad (3.23)$$

この式より，直結フィードバック系の定常偏差 e_{ss} は，開ループ伝達関数 $G(s)$ と入力 $X(s)$ によって決まることがわかる．

直結フィードバック系の形（type of unity feedback system）

直結フィードバック系の開ループ伝達関数 $G(s)$ の一般的な形を

$$G(s) = \frac{K(T_a s+1)(T_b s+1)\cdots(\alpha_a s^2 + \beta_a s+1)\cdots}{s^N(T_1 s+1)(T_2 s+1)\cdots(\alpha_1 s^2 + \beta_1 s+1)\cdots} \qquad (3.24)$$

と表すことができる．$G(s)$ がこのように表されるとき，直結フィードバック系は N 形（type N）の系と呼ばれる．すなわち，$1/s$ の次数で**系の形**を呼ぶ．伝達関数が $1/s$ または K/s である要素は，積分の働きをするので**積分要素**と呼ばれる．N 形の系は，積分要素が主ループ内に直列に N 個存在することになる．

[例1]　　$G(s) = \dfrac{K}{Ts+1}$,　　$G(s) = \dfrac{25(s+1)}{(0.5s+1)(2s^2+2s+1)}$　　0 形（type 0）

$G(s) = \dfrac{K(0.4s+1)}{s(0.5s+1)(s+1)}$　　1 形（type 1）

$G(s) = \dfrac{100(s+1)}{s^2(s^2+s+1)}$　　2 形（type 2）

$G(s) = \dfrac{10(s+1)}{s^3(s^2+4s+5)}$　　3 形（type 3）

直結フィードバック系の定常偏差は，系の形と入力によって定まるが，以下

52 第3章 制御系の過渡応答

に各入力に対する定常偏差について述べる.

① **ステップ入力の場合**

　入力がステップ状である場合の定常偏差を**定常位置偏差**(position error)または**オフセット**(offset)という((図3.16(a)))．入力のステップの高さをAとすると，

$$x(t) = Au(t)$$

となる．このラプラス変換は

$$X(s) = A/s$$

であるからこれを式(3.23)に代入すると

$$e_{ss} = \lim_{s \to 0} \frac{s}{1+G(s)} \cdot \frac{A}{s} = \frac{A}{1+\lim_{s \to 0} G(s)} = \frac{A}{1+K_p} \quad (3.25)$$

となる．ここで

$$K_p = \lim_{s \to 0} G(s) \quad (3.26)$$

は**位置偏差定数**（position error constant）と定義される．

　系が0形である場合，

$$K_p = \lim_{s \to 0} G(s) = K$$

となるので図3.16(a)のような0でない定常偏差を生ずる．

　系が1形の場合，

$$K_p = \lim_{s \to 0} (K/s) = \infty$$

であるから$e_{ss} = 0$となり，定常偏差を生じない．2形以上の系も同様に$e_{ss} = 0$となる．

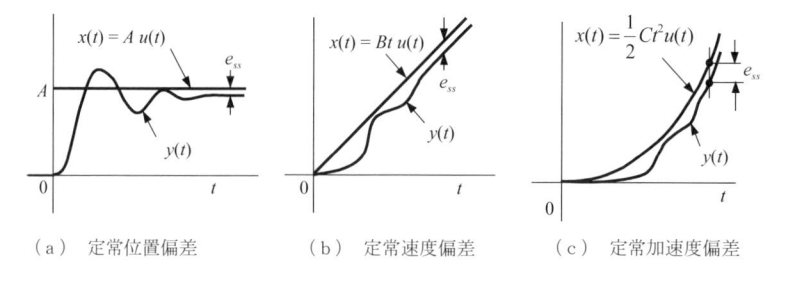

（a）定常位置偏差　　　（b）定常速度偏差　　　（c）定常加速度偏差

図3.16　各入力に対する定常偏差

② ランプ入力の場合

入力がランプ関数であるときの定常偏差を**定常速度偏差**（velocity error）という（図3.16（b））．いま，ランプ入力が $x(t) = Bt \cdot u(t)$ と表される場合，ラプラス変換は $X(s) = B/s^2$ であるからこれを式（3.23）へ代入すると

$$e_{ss} = \lim_{s \to 0} \frac{s}{1+G(s)} \frac{B}{s^2} = \frac{B}{\lim_{s \to 0} sG(s)} = \frac{B}{K_v} \qquad (3.27)$$

となる．ここで

$$K_v = \lim_{s \to 0} sG(s) \qquad (3.28)$$

ここに K_v は**速度偏差定数**（velocity error constant）と呼ばれる．0形の系では $K_v = 0$ であるから $e_{ss} = \infty$ となる．1形の系では $K_v = K$ となり，$e_{ss} = B/K$ の定常偏差を生じる．2形以上の系では $K_v = \infty$ となるから，$e_{ss} = 0$ となって定常偏差を生じない．

③ 入力が時間の二次関数（parabolic input）である場合

入力 $x(t)$ が次のように二次関数で表される場合の定常偏差を**定常加速度偏差**（acceleration error）という（図3.16（c））．

$$x(t) = \frac{Ct^2}{2} u(t) \qquad (3.29)$$

ラプラス変換は

$$X(s) = \frac{C}{s^3} \qquad (3.30)$$

となる．これを式（3.23）へ代入して

$$e_{ss} = \frac{C}{\lim_{s \to 0} s^2 G(s)} = \frac{C}{K_a} \qquad (3.31)$$

が得られる．この式の

$$K_a = \lim_{s \to 0} s^2 G(s)$$

を**加速度偏差定数**（acceleration error constant）という．0形と1形の系では共に $K_a = 0$ となるので，$e_{ss} = \infty$ となる．2形の系では $K_a = K$ となり，$e_{ss} = C/K$ の定常偏差が生じる．

以上をまとめると，表3.1のようになる．

表3.1 直結フィードバック系の定常偏差（括弧内は偏差定数）

	0形	1形	2形	3形
定常位置偏差 （偏差定数 $K_p = \lim_{s \to 0} G(s)$）	$\dfrac{A}{1+K_p}$ （有限値）	0 （∞）	0 （∞）	0 （∞）
定常速度偏差 （偏差定数 $K_v = \lim_{s \to 0} sG(s)$）	∞ （0）	B/K_v （有限値）	0 （∞）	0 （∞）
定常加速度偏差 （偏差定数 $K_a = \lim_{s \to 0} s^2 G(s)$）	∞ （0）	∞ （0）	C/K_a （有限値）	0 （∞）

［例題3.3］ 直結フィードバック系の開ループ伝達関数が，次の(a)，(b)，(c)のように表される各場合について定常偏差を求めよ．

（a） $G(s) = \dfrac{48}{s^2 + 2s + 12}$ （b） $G(s) = \dfrac{20(0.02s + 1)}{s(0.2s + 1)(0.05s + 1)}$

（c） $G(s) = \dfrac{5(s+1)}{s^2(s+10)(s+4)}$

［解］
（a） この系は0形である．位置偏差定数は
$$K_p = \lim_{s \to 0} G(s) = 4$$
したがって定常位置偏差は
$$e_{ss} = \frac{A}{1+K_p} = \frac{A}{5}$$

（b） 1形の系であるから，定常位置偏差は0
速度偏差定数 $K_v = \lim_{s \to 0} sG(s) = 20$
定常速度偏差 $e_{ss} = \dfrac{B}{K_v} = 0.05B$

（c） 2形の系であるから，定常位置偏差，定常速度偏差ともに0
加速度偏差定数 $K_a = \lim_{s \to 0} s^2 G(s) = 0.125$
定常加速度偏差 $e_{ss} = \dfrac{C}{K_a} = 8C$

（2） 一般のフィードバック系の定常偏差

直結フィードバック系の定常偏差について前述したが，ここでは図3.17（a）のように，フィードバック経路に伝達関数 $H(s)$ の要素が存在する一般の系の定常偏差について述べる．図(a)のブロック線図は等価変換して図(b)の直結フィードバック系の形に表すことができる．いま

$$K_H = \lim_{s \to 0} H(s) \tag{3.32}$$

とおいて，制御偏差 $e(t)$ を次のように定義することにする．

$$e(t) = \frac{1}{K_H} x(t) - y(t) \tag{3.33}$$

定常偏差は

$$e_{ss} = \lim_{t \to \infty} e(t) = \lim_{s \to 0} \frac{s}{1+G(s)H(s)} \frac{X(s)}{K_H} \tag{3.34}$$

で求められる．この形は，開ループ伝達関数が $G(s)H(s)$ である直結フィードバック系の定常偏差に $1/K_H$ を乗じたものとなる．

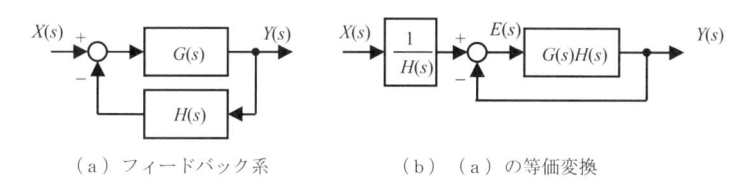

（a）フィードバック系　　　（b）（a）の等価変換

図3.17　一般のフィードバック系

（3） 外乱による定常偏差

図3.18に示すように，直結フィードバック系に外乱 $d(t)$ が加わる場合の定常偏差について述べる．外乱 $d(t)$ による制御量 $y(t)$ の変化分を $\Delta y(t)$ とする．$\Delta y(t)$ のラプラス変換 $\Delta Y(s)$ は

$$\Delta Y(s) = \frac{G_2(s)}{1+G_1(s)G_2(s)} D(s) \tag{3.35}$$

となる．外乱をステップ入力 $d(t) = Au(t)$ とし，そのラプラス

図3.18　外乱による定常偏差

変換 $D(s) = A/s$ を上式に代入して次式の制御量定常値の変化 Δy_{ss} が得られる．

$$\Delta y_{ss} = \lim_{s \to 0} s \Delta Y(s) = \lim_{s \to 0} \frac{G_2(s)}{1 + G_1(s)G_2(s)} A \qquad (3.36)$$

ここで，外乱による定常偏差を e_{ss} とし，$e_{ss} = \lim_{s \to 0} sE(s)$ として扱えば $e_{ss} = -\Delta y_{ss}$ となることに注意されたい．式（3.36）には分子と分母に $G_2(s)$ が存在するので，$G_2(s)$ のゲイン定数を大きくしてもあまり効果はなく，$G_2(s)$ に積分要素 $1/s$ を付加しても定常偏差を 0 にできない．それに対して $G_1(s)$ は分母だけに存在するので，$G_1(s)$ のゲイン定数を大きくして定常偏差を減少させたり，積分要素 $1/s$ の付加によって定常偏差を消すことができる．

演 習 問 題

1．伝達関数が次のように表される系の単位ステップ応答を求めよ．
   （a） $\dfrac{Y(s)}{X(s)} = \dfrac{5}{0.5s + 1}$ （b） $\dfrac{Y(s)}{X(s)} = \dfrac{2(3s + 1)}{(0.2s + 1)(s + 1)}$
   （c） $\dfrac{Y(s)}{X(s)} = \dfrac{4.25}{s^2 + s + 4.25}$ （d） $\dfrac{Y(s)}{X(s)} = \dfrac{13(s + 1)}{s^2 + 2s + 13}$

2．一次遅れ系のステップ応答試験で，最終値の 95% に達するのに 15 s を要した．この系の時定数を求めよ．また，このとき 98% に達するに要する時間はいくらか．

3．図 3.19 に示される直結フィードバック系で，ステップ応答の行き過ぎ時間 0.1 s, 行き過ぎ量 25% になるように K と T を求めよ．このとき，5% 整定時間はいくらになるか．

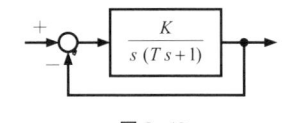

図 3.19

4．ある系のステップ応答試験で，行き過ぎ時間が 0.12 s, 行き過ぎ量が 15% であった．この系を二次系と見立て，ζ と ω_n を求めよ．

5．図 3.20 の系のステップ応答で
   （a） $\alpha = 0$ の場合の行き過ぎ量，行き過ぎ時間を求めよ．
   （b） $\alpha = 0.1$ とすれば，行き過ぎ量と行き過ぎ時間はどうなるか．

6．第 2 章，演習問題 12. のサーボ系における ζ と ω_n を求め，行き過ぎ時間，行き過ぎ量および 5% 整定時間を求めよ．

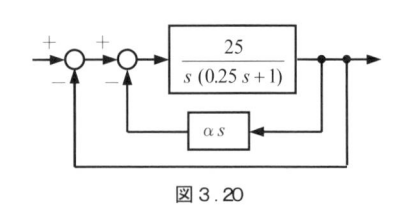

図 3.20

7. 直結フィードバック系の開ループ伝達関数が次のように表されるとき，$Au(t)$，$Btu(t)$，$(Ct^2/2)u(t)$ の各入力が加わった場合の定常偏差を求めよ．

（a） $G(s) = \dfrac{50}{(0.1s+1)(s+1)}$ （b） $G(s) = \dfrac{25}{s(s^2+5s+25)}$

（c） $G(s) = \dfrac{25(0.2s+1)}{s^2(s^2+5s+25)}$ （d） $G(s) = \dfrac{20}{s(s+2)(s^2+2s+2)}$

8. 図3.17（a）のフィードバック系で

$$G(s) = \dfrac{2}{s(0.2s+1)} \qquad H(s) = 5$$

である場合，次の関数の入力が加わった場合の定常偏差を求めよ．
（a） $u(t)$ （b） $5tu(t)$ （c） $2t^2 u(t)$

9. 図3.21（a），（b）の各系に，単位ステップ状の外乱 $d(t) = u(t)$ が加わった場合の制御量定常値の変化を求めよ．

(a)

(b)

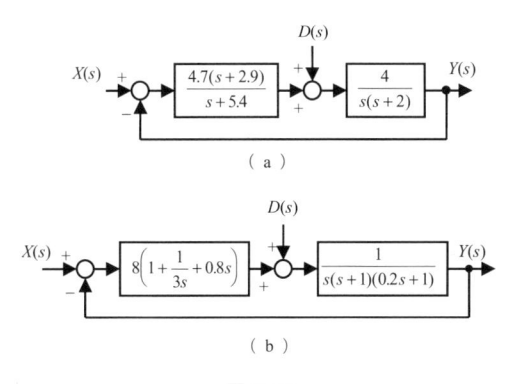

図3.21

第4章　制御系の周波数応答*

4.1　周波数応答

　前章では，系にステップ入力やランプ入力など定常状態が急変する入力を加えたとき，出力が時間の経過と共にどのような変化をするかを示す過渡応答を扱ってきた．本章では，入力として定常的な正弦波信号を系に加えるときの出力の応答，周波数応答について述べることにする．

　図4.1のように，線形かつ安定な系 $G(s)$ に振幅 A，角周波数 $\omega\,[\mathrm{rad/s}]$ の正弦波

$$x(t) = A\sin\omega t \tag{4.1}$$

が入力として加わるものとする．正弦波入力が加わった直後には出力に過渡的な乱れが生じるが，安定な系であ

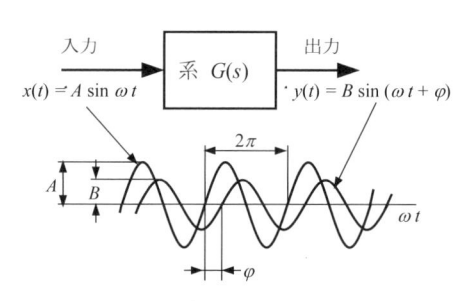

図4.1　制御系の周波数応答

れば過渡応答成分はやがて消滅し，後には定常的な正弦波信号だけが残る．すなわち定常状態に達してからの出力 $y(t)$ は

$$y(t) = B\sin(\omega t + \varphi) \tag{4.2}$$

と表される．このように，系に正弦波入力を加えたときの出力の定常状態における応答を**周波数応答**(frequency response)という．系が線形であれば，出力も入力と同じ周波数の正弦波となり，両者の差異は振幅 A と B が異なること，および位相のずれ φ が生じることの2つである．そこで，周波数応答(出力の入力に対する関係)を表すのに，振幅の比 B/A と位相のずれ φ を用いる．振幅の

---

*複素数の取り扱いについては付録参照のこと．

比 B/A のことを**ゲイン** (gain) と呼び，位相のずれ φ を単に**位相** (phase) と呼んで，度 (°) または rad で表す．なお，図4．1では，出力が入力より遅れているので，位相 φ は負である場合を示している．

ここで，角周波数 ω を変化させると，ゲインと位相は ω の値に応じて変化する．ゲインと位相が ω とどのような関数関係にあるかを示す特性を**周波数特性**（frequency characteristics）という．

いま，安定な線形系の伝達関数を次のように表す．

$$G(s) = \frac{Q(s)}{P(s)} = \frac{b_0 s^m + b_1 s^{m-1} + \cdots + b_{m-1} s + b_m}{s^n + a_1 s^{n-1} + \cdots + a_{n-1} s + a_n} = \frac{Q(s)}{(s-p_1)(s-p_2)\cdots(s-p_n)} \quad (4.3)$$

ここに，$n \geq m$ であり，p_1, p_2, $\cdots$, p_n は実数または複素数である．この系に式（4．1）の入力が加わる場合について考えよう．まず，式（4．1）をラプラス変換すると

$$X(s) = \frac{A\omega}{s^2 + \omega^2} = \frac{A\omega}{(s-j\omega)(s+j\omega)} \quad (4.4)$$

となる．したがって，出力のラプラス変換は次のように表され，部分分数に展開される．

$$Y(s) = G(s) \cdot X(s) = \frac{Q(s) \cdot A\omega}{(s-p_1)(s-p_2)\cdots(s-p_n)(s-j\omega)(s+j\omega)}$$

$$= \frac{k_1}{s-p_1} + \frac{k_2}{s-p_2} + \cdots + \frac{k_n}{s-p_n} + \frac{C_1}{s-j\omega} + \frac{C_2}{s+j\omega} \quad (4.5)$$

これを逆変換すると

$$y(t) = k_1 e^{p_1 t} + k_2 e^{p_2 t} + \cdots + k_n e^{p_n t} + C_1 e^{j\omega t} + C_2 e^{-j\omega t} \quad (4.6)$$

となる．安定な系の場合 p_1, p_2, $\cdots$, p_n の実部は負の値であり（詳細は第5章参照），第 n 項までは時間の経過と共に減衰し，消滅してしまう．この部分は過渡応答の成分である．末尾の2項が定常的な正弦波を表す部分であり，周波数応答はこの部分で表される．そして，定数 C_1 は次式のように求められる．

$$C_1 = \frac{G(j\omega)A\omega}{2j\omega} = \frac{G(j\omega)A}{2j} = \frac{|G(j\omega)|e^{j\varphi}A}{2j} \quad (4.7)$$

ここに，$\varphi = \angle G(j\omega)$ である．C_2 は同様に求められ，C_1 とは共役となる．

$$C_2 = -\frac{|G(j\omega)|e^{-j\varphi}A}{2j} \qquad (4.8)$$

よって周波数応答を $y_f(t)$ と表すと

$$y_f(t) = C_1 e^{j\omega t} + C_2 e^{-j\omega t} = |G(j\omega)|A\frac{e^{j(\omega t+\varphi)} - e^{-j(\omega t+\varphi)}}{2j}$$

$$= |G(j\omega)|A\sin(\omega t + \varphi) \qquad (4.9)$$

が得られる．この式は，周波数応答のゲインは $G(j\omega)$ の絶対値 $|G(j\omega)|$ であり，位相は $G(j\omega)$ の偏角 $\varphi = \angle G(j\omega)$ であるという重要な意味をもっている．すなわち，伝達関数が $G(s)$ である系の周波数応答は，$G(s)$ の s を $j\omega$ で置き換えた $G(j\omega)$ によって完全に表されることになる．この $G(j\omega)$ のことを**周波数伝達関数**（frequency transfer function）という．

[例題4.1] 時定数が 0.5 s である一次遅れ系の周波数伝達関数を求め，ゲインと位相を ω の関数で表せ．また $\omega = 0.2, 2, 20$ rad/s の各場合におけるゲインと位相を求めよ．

[解] 時定数が 0.5 s である伝達関数は

$$G(s) = \frac{1}{1+Ts} = \frac{1}{1+0.5s}$$

であるから，周波数伝達関数は

$$G(j\omega) = \frac{1}{1+0.5\omega j}$$

となる．これよりゲインと位相は次のようになる．

$$\text{ゲイン} \quad |G(j\omega)| = \frac{1}{\sqrt{1+(0.5\omega)^2}}$$

$$\text{位相} \quad \varphi = \angle G(j\omega) = -\tan^{-1}(0.5\omega)$$

ω の各値に対するゲイン $|G(j\omega)|$ と位相 φ の値は次のようになる．

ω	0.2	2.0	20
$|G(j\omega)|$	0.995	0.707	0.0995
φ	$-5.71°$	$-45°$	$-84.3°$

4.2 ベクトル軌跡

周波数伝達関数 $G(j\omega)$ を次のように実部と虚部で表してみる。

$$G(j\omega) = R(\omega) + I(\omega) \cdot j \quad (4.10)$$

ただし，$R(\omega) = \mathrm{Re}\{G(j\omega)\}$, $I(\omega) = \mathrm{Im}\{G(j\omega)\}$

$G(j\omega)$ は図4.2のように，複素平面上に $R(\omega)$ を横軸に，$I(\omega)$ を縦軸にとり直角座標の点としてプロットできる。この点はまた次のように極座標形式で表現することもできる。

$$G(j\omega) = |G(j\omega)|e^{j\varphi} = |G(j\omega)|\angle\varphi \quad (4.11)$$

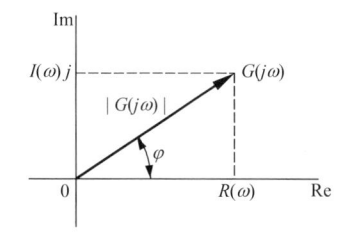

図4.2 $G(j\omega)$ の複素平面上プロット

ただし，

$$|G(j\omega)| = \sqrt{\{R(\omega)\}^2 + \{I(\omega)\}^2} \quad (4.12)$$

$$\varphi = \tan^{-1}\frac{I(\omega)}{R(\omega)} \quad (4.13)$$

すなわち，ゲイン $|G(j\omega)|$ と位相 φ は，図4.2のように，$G(j\omega)$ の原点からの距離と正の実軸から反時計方向を正とした角度で表される。ω を連続的に変化させると，$G(j\omega)$ も連続的に位置を変え，1つの軌跡が描ける。ω を0から∞まで連続的に変化させるとき，複素平面上に描かれる $G(j\omega)$ の軌跡を**ベクトル軌跡**(vector locus)という。ベクトル軌跡は，角周波数の連続的な変化に対してゲイン $|G(j\omega)|$ と位相 φ がどのように変化するかを示す線図である。ただし，軌跡そのものは角周波数 ω を表せないので，軌跡上に点を描き加え，ω の値を書き添えなければならない。また，略図を描く場合には，ω の増加する方向に矢印を描き加える。

[例1] 一次遅れ系のベクトル軌跡を描いてみよう。

周波数伝達関数は

$$G(j\omega) = \frac{1}{1+j\omega T} \quad (4.14)$$

であるので，ゲインと位相は

ゲイン $|G(j\omega)| = \dfrac{1}{\sqrt{1+(\omega T)^2}}$ (4.15)

位相 $\varphi = \angle G(j\omega) = -\tan^{-1}(\omega T)$ (4.16)

上両式の ω を 0 から ∞ まで変化させてプロットすると，図4.3のように直径1の半円を示すベクトル軌跡が描ける．式(4.15)と式(4.16)から，

$\omega T = 0$ のとき

$|G| = 1$ ，$\varphi = 0°$

$\omega T = \infty$ のとき

$|G| = 0$ ，$\varphi = -90°$

$\omega T = 1$ のとき

$|G| = 1/\sqrt{2} = 0.707$ ，$\varphi = -45°$

となる．なお，軌跡が半円となることは，次のように説明できる．

$G(j\omega)$ を実部 x と虚部 y で表すと

$$G(j\omega) = \dfrac{1}{1+j\omega T} = \dfrac{(1-j\omega T)}{(1+j\omega T)(1-j\omega T)}$$

$$= \dfrac{1}{1+(\omega T)^2} + j\dfrac{-\omega T}{1+(\omega T)^2} \equiv x + jy$$

すなわち，

$$x = \dfrac{1}{1+(\omega T)^2}, \quad y = -\dfrac{\omega T}{1+(\omega T)^2}$$

であるから，これより ωT を消去すると

$$x^2 + y^2 = x$$

が得られる．これは

$$(x-1/2)^2 + y^2 = (1/2)^2$$

と書き直され，中心が $(1/2, 0)$ で，半径が $1/2$ の円を表している．また，常に $y < 0$ であるから，図4.3のように，この円の下半分である．また，伝達関数

の分子が定数 K である場合は，中心が $(K/2, 0)$ で，半径が $K/2$ の半円となる．

[例2] 積分特性 $G(s) = K/s$ のベクトル軌跡を描いてみよう．

$$G(j\omega) = \frac{K}{j\omega} \quad (4.17)$$

ゆえに

ゲイン　$|G(j\omega)| = \dfrac{K}{\omega}$　（4.18）

位相　$\varphi = -90°$　（4.19）

である．$K = 1$ としてベクトル軌跡を描くと図4.4のようになる．$\omega = 0$ で負の虚軸上 $-j\infty$ にあり，ω の増加に伴って上方に進み，$\omega = \infty$ で 0 に至る軌跡となる．

[例3] 次の伝達関数のベクトル軌跡を作ってみる．

$$G(s) = \frac{K}{s(1+Ts)} \quad (4.20)$$

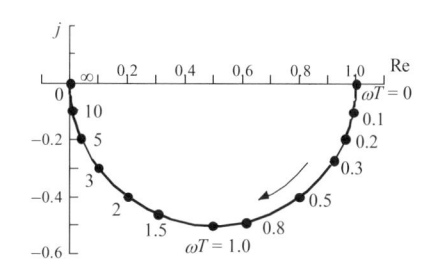

図4.3　一次遅れ系のベクトル軌跡

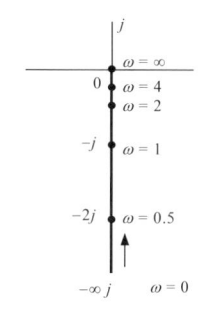

図4.4　$1/j\omega$ のベクトル軌跡

周波数伝達関数は，s に $j\omega$ を代入して

$$G(j\omega) = \frac{K}{j\omega(1+j\omega T)} \quad (4.21)$$

ゲイン　$|G(j\omega)| = \dfrac{K}{\omega\sqrt{1+(\omega T)^2}}$　（4.22）

位相　$\varphi = -90° - \tan^{-1}(\omega T)$　（4.23）

が得られ，ω を 0 から ∞ まで変化させると上2式から図4.5の軌跡が得られる．図から，ω が 0 から ∞ まで変化すると，ゲインは ∞ から 0 まで減少し，位相は $-90°$ から $-180°$ まで変化する様子がわかる．

[例4] 二次系の伝達関数を一般形

64　第4章　制御系の周波数応答

$$G(s) = \frac{\omega_n^2}{s^2 + 2\zeta\omega_n s + \omega_n^2}$$
（4.24）

で表し，そのベクトル軌跡を作ってみる．
周波数伝達関数 $G(j\omega)$ は

$$G(j\omega) = \frac{\omega_n^2}{\omega_n^2 - \omega^2 + 2\zeta\omega_n\omega j}$$
$$= \frac{1}{1 - (\omega/\omega_n)^2 + 2\zeta(\omega/\omega_n)j}$$
（4.25）

図4.5　$\dfrac{K}{j\omega(1+j\omega T)}$ のベクトル軌跡

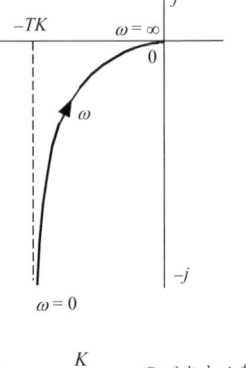

と無次元化された変数 ω/ω_n によって表される．これより

ゲイン　　$|G| = \dfrac{1}{\sqrt{\{1-(\omega/\omega_n)^2\}^2 + \{2\zeta(\omega/\omega_n)\}^2}}$　　（4.26）

位相　　$\varphi = -\tan^{-1} \dfrac{2\zeta(\omega/\omega_n)}{1-(\omega/\omega_n)^2}$　　（4.27）

が得られる．この2式において ζ を設定し，ω/ω_n を0から∞まで変化させると図4.6のような曲線群が描ける．この図で明らかなように，$\omega/\omega_n = 0$ でゲ

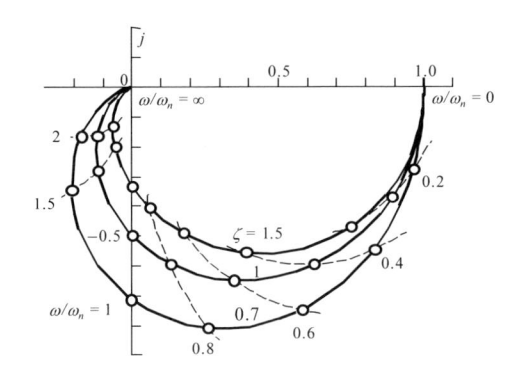

図4.6　$G(j\omega) = \dfrac{\omega_n^2}{(j\omega)^2 + 2\zeta\omega_n(j\omega) + \omega_n^2}$ のベクトル軌跡

イン $|G|=1$,位相 $\varphi=0°$ から出発し,$\omega/\omega_n=\infty$ で,$|G|=0$,$\varphi=-180°$ で終る.また,$\omega/\omega_n=1$ の場合,$|G|=1/(2\zeta)$,$\varphi=-90°$ となる.減衰比 ζ が小さい値では曲線が外に張り出してゲインが大きくなるが,ζ が大きくなると曲線は中に引っ込み,ゲインが小さくなることを示している.

4.3 ボード線図

前節で述べたベクトル軌跡は,複素平面上に $G(j\omega)$ のプロットがたどる1本の軌跡で周波数特性を表しており,単純で数学的意味は大きいが,ω の変化に対するゲインと位相の変化が読みにくい.さらに,伝達関数の極や零点が図上に表れないうえ,伝達関数に別の要素を付け加えて特性改善を図る場合などには利用しにくい.

これに対し,**ボード線図**(Bode diagram)はこれらの欠点が取り除かれ,解析や設計に適した線図である.ボード線図は,ゲイン特性と位相特性とを別々に片対数座標上に描いた2つの線図からなる.

両線図に共通な横軸には,ω が対数目盛にとられる.対数目盛であるから,比が1対10である2つの周波数の間隔はどこでも等しく,この間隔を**1デカード**(decade,記号 dc)という.

ゲイン特性を表す線図(ゲイン線図)は,縦軸に**デシベル**(decibel,記号 dB)値で表したゲインをとる.ゲイン $|G(j\omega)|$ をデシベル値で表すには次式による.

$$g = 20\log_{10}|G(j\omega)| \quad [\text{dB}] \tag{4.28}$$

参考のため,$|G(j\omega)|$ と g dB との関係の一部を表に示す.

$|G(j\omega)|$	0.01	0.1	0.5	1	2	10	100	1000
g [dB]	−40	−20	−6.02	0	6.02	20	40	60

このように,$|G|=1$ で $g=0$ dB となり,$|G|$ が10倍になるごとに g は 20 dB 増加する.

位相特性を表す線図(位相線図)では,縦軸に位相を度(°)または rad 単位にとる.

（1） 一次遅れ系のボード線図

周波数伝達関数は

$$G(j\omega) = \frac{1}{1+j\omega T}$$

であるから，ゲイン g [dB] と位相 φ はそれぞれ次のようになる．

ゲイン　　$g = 20\log_{10}|G(j\omega)| = 20\log_{10}\dfrac{1}{\sqrt{1+(\omega T)^2}}$

$$= -20\log_{10}\sqrt{1+(\omega T)^2} \qquad (4.29)$$

位相　　$\varphi = -\tan^{-1}(\omega T) \qquad (4.30)$

この両式に ωT を代入して計算し，横軸を ω の代わりに ωT としてグラフを作ると図4.7のボード線図ができる．

まず，ゲイン線図について $\omega T \ll 1$ の場合，式（4.29）の ωT が無視でき

$$g = -20\log_{10}(1) = 0 \text{ dB}$$

となる．図が示すように，$\omega T = 1$ の左側で1から少し離れると $g = 0$ dB とほとんど一致していることがわかる．

$\omega T \gg 1$ の場合，今度は式（4.29）の根号内の1が無視でき

$$g = -20\log_{10}(\omega T) \text{ dB}$$

となる．この式は $\omega T = 1$ で $g = 0$ を通り，ωT の1dc 増加に対し20 dB 下がる傾斜の直線で表される．図に見られるように，$\omega T = 1$ の右側で1から少し離れた部分から，この直線とほとんど一致していることがわかる．

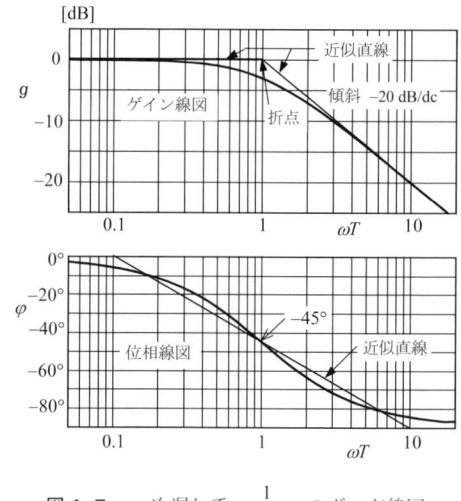

図4.7　一次遅れ系 $\dfrac{1}{1+j\omega T}$ のボード線図

$\omega T = 1$ の場合

$$g = -20\log_{10}\sqrt{2} = -3.01 \text{ dB}$$

となる．

　ゲイン線図は，図に示される2本の直線で近似されることがしばしばある．この場合，$\omega T=1$ の近くで誤差が大きくなり，$\omega T=1$ で最大の誤差（約3 dB）を生じる．この2本の直線の交点を**折点**(break point)といい，折点における周波数 $\omega_b=1/T$ を**折点周波数**(break frequency)という．

　位相線図では，式（4．30）の ωT を0から∞まで連続的に変化させると，図4．7の位相線図に示されるように，位相 φ は0°から−90°まで滑らかに変化する曲線となる．$\omega T=1$（折点周波数）のとき

$$\varphi = -\tan^{-1}(1) = -45°$$

となり，この点を境にした左右の曲線は，この点に関して点対称となる．位相線図も直線で近似することもある．図に示されるように，$\omega T=0.1$（折点周波数の1/10），$\varphi=0°$ の点から $\omega T=10$（折点周波数の10倍），$\varphi=-90°$ までを結ぶ直線が近似直線である．$\omega T<0.1$ では $\varphi=0°$，$\omega T>10$ では $\varphi=-90°$ に近似される．近似直線を用いる場合の誤差は6°を超えない．

　図4．7は横軸を ωT としているので一次遅れ系であれば，T の値に関係なく当てはまる一般的なボード線図である．ここで横軸を ω にすればどうなるであろうか．$T=1$ とすると横軸を ω にとっても同一線図となる．これが図4．8の $T=1$，$K=1$ と示した線図である．

　次に，$T \neq 1$ の場合（ここでは例として $T=0.1$ とする），ωT を $1/T$ 倍（10倍）したものが ω であるから，図4．8に示すように対数目盛で $1/T$ 倍（10倍）だけ横方向に平行移動すれば横軸 ω の線図が得られる．折点周波数は $1/T$（10 rad/s）となる．

　今度は，伝達関数のゲイン定数を K とする．すなわち

$$G(j\omega) = \frac{K}{1+j\omega T} \tag{4.31}$$

$$g = 20\log_{10}|G(j\omega)| = 20\log_{10}K - 20\log_{10}\sqrt{1+(\omega T)^2} \tag{4.32}$$

となる．これより，ゲインはゲイン定数 K をデシベル値で表した値 $20\log_{10}K$ を式（4．29）に加えるだけである．したがって，図4．8のように上方に（負の場合は下方に）$20\log_{10}K$ だけ平行移動することによってゲイン線図が描ける．また，位相線図は K の値に関係なく，そのままである．図は $K=10$ とした例であ

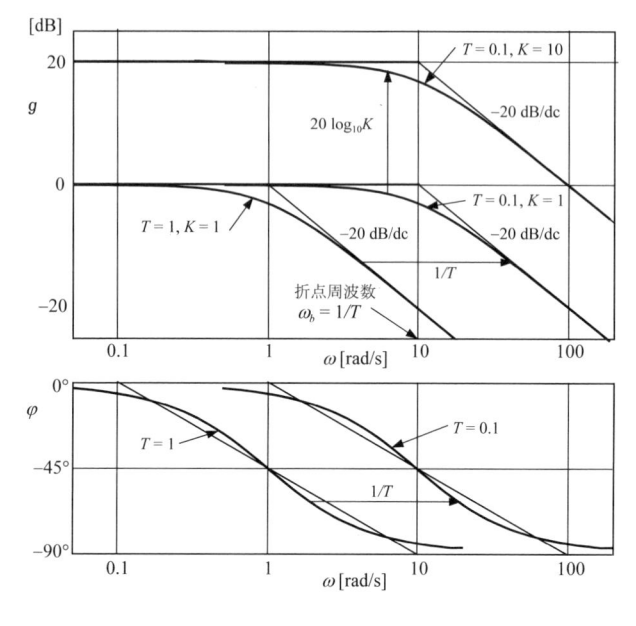

図 4.8　$G(j\omega) = \dfrac{K}{1+j\omega T}$ のボード線図

る．

このように，ボード線図では T と K の値が変っても，線図の形状はまったく変らないことが特徴である．線図の形状が同じであることから，市販の片対数方眼紙に合わせて線図に合わせた定規が作られたが，現在ではコンピュータの普及によりあまり使われなくなった．

（2）　$G(s) = 1+Ts$ のボード線図

伝達要素

$$G(s) = 1+Ts \tag{4.33}$$

は単独では用いられないが，他の要素と結合した形で現れる場合が多い．周波数伝達関数，ゲインおよび位相は

周波数伝達関数

$$G(j\omega) = 1+j\omega T \tag{4.34}$$

ゲイン

$$g = 20\log_{10}\sqrt{1+(\omega T)^2} \quad (4.35)$$

位相

$$\varphi = \tan^{-1}(\omega T) \quad (4.36)$$

となる．式(4.35)と(4.29)および(4.36)と(4.30)の関係は，ただ正負が逆であるだけである．したがって，ボード線図は図4.9のように，一次遅れ系の線図とは横軸に対して対称となる．

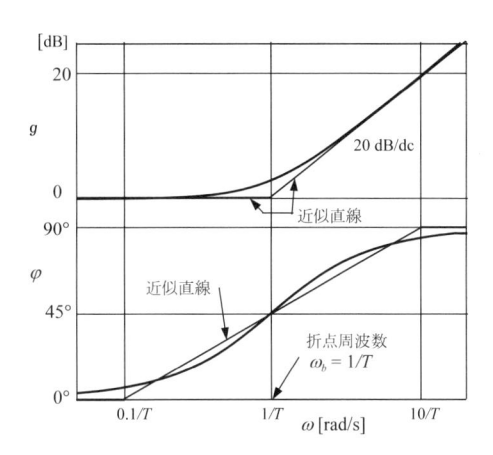

図4.9　$G(j\omega) = 1 + j\omega T$ のボード線図

(3) 積分特性 $G(s) = K/s$ のボード線図

周波数伝達関数　　$G(j\omega) = \dfrac{K}{j\omega}$ 　　　　　(4.37)

ゲイン　　　　$g = 20\log_{10}(K/\omega) = 20\log_{10}K - 20\log_{10}\omega$ 　(4.38)

位相　　　　　$\varphi = -90°$ 　　　　　　　　　　　　　(4.39)

となって，ボード線図は図4.10のようになる．式(4.38)から明らかなように，ゲイン線図は ω が10倍増加すると，ゲインが20 dB減少する直線となる．$K=1$ の場合，$\omega=1$，$g=0$ dB の点を通り，$K \neq 1$ の場合，$\omega=1$，$g = 20\log_{10}K$ dB，の点を通る．この直線は $g=0$ dB とは $\omega=K$（図の例では $\omega=10$）で交わる．

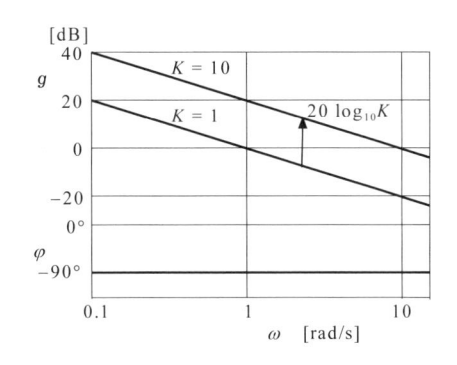

図4.10　$G(j\omega) = \dfrac{K}{j\omega}$ のボード線図

位相は ω の値に関係なく $\varphi = -90°$ である．

(4) 二次系のボード線図

二次系のゲインと位相は，前節［例4］で式（4．26）と式（4．27）になることを示した．これを再度掲げると

$$\text{ゲイン} \quad |G| = \frac{1}{\sqrt{\{1-(\omega/\omega_n)^2\}^2 + \{2\zeta(\omega/\omega_n)\}^2}} \quad (4.26)$$

$$\text{位相} \quad \varphi = -\tan^{-1}\frac{2\zeta(\omega/\omega_n)}{1-(\omega/\omega_n)^2} \quad (4.27)$$

ゲインをデシベル値で表すと

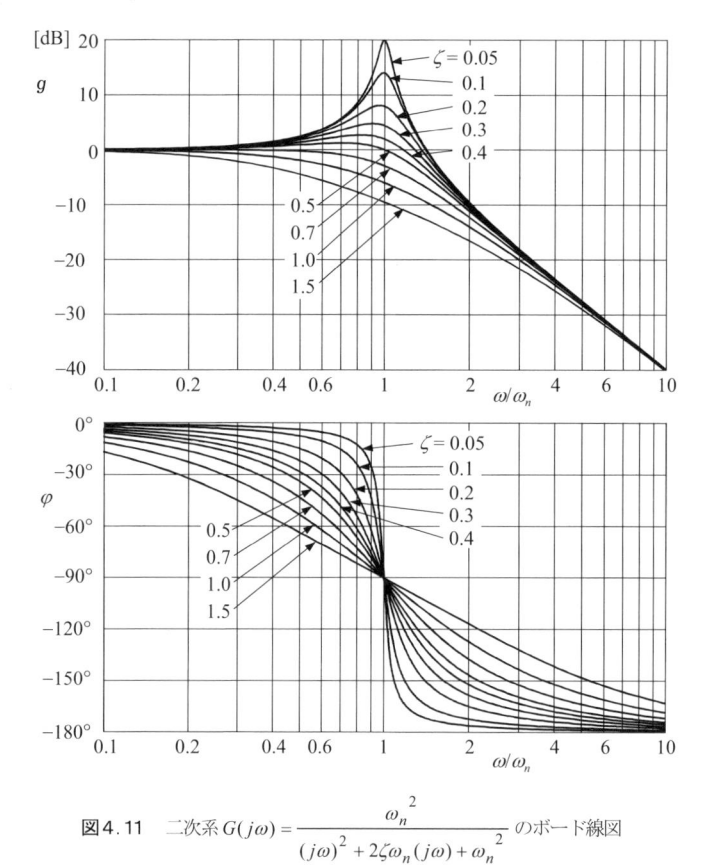

図4.11　二次系 $G(j\omega) = \dfrac{\omega_n^2}{(j\omega)^2 + 2\zeta\omega_n(j\omega) + \omega_n^2}$ のボード線図

$$g = 20\log_{10}|G| = -10\log_{10}\left[\{1-(\omega/\omega_n)^2\}^2 + \{2\zeta(\omega/\omega_n)\}^2\right] \quad (4.40)$$

となる．式（4.40）において，ζ を一定値に固定し，横軸に ω/ω_n をとってグラフにすると図4.11上のゲイン線図ができる．この曲線群の漸近線を調べてみよう．

$\omega/\omega_n \ll 1$ の領域では，式（4.40）の ω/ω_n を無視して近似でき，

$$g = -10\log_{10}1 = 0\,\mathrm{dB}$$

となる．図からも ω/ω_n を小さくすると 0dB に近づいて行くことがわかる．
$\omega/\omega_n \gg 1$ の領域では，式（4.40）の 1 と ω/ω_n の 2 乗の項が無視でき

$$g = -10\log_{10}(\omega/\omega_n)^4 = -40\log_{10}(\omega/\omega_n)$$

となる．この式は，$\omega/\omega_n = 1$ で $g = 0\,\mathrm{dB}$ の点を通り，傾斜が $-40\,\mathrm{dB/dc}$ である直線を表す．2本の漸近線の出会った点が折点であり，折点周波数は $\omega = \omega_n$ である．

$\zeta < 1/\sqrt{2} = 0.707$ で，ゲイン曲線に最大値を生じ，ζ が小さいほど最大値が大きくなることがこのグラフからわかる．ゲインの最大値を**ピークゲイン**（peak gain）といい，ピークゲインを示す周波数を**共振周波数**（resonant frequency）という．共振周波数 ω_p とピークゲイン M_p は次式で表される．

$$\omega_p = \omega_n\sqrt{1-2\zeta^2} \quad (4.41)$$

$$M_p = |G(\omega_p)| = \frac{1}{2\zeta\sqrt{1-\zeta^2}} \quad (4.42)$$

位相線図は，式（4.27）によって下の図のようにかける．式（4.27）において，$\omega/\omega_n \to 0$ で φ は $0°$ に近づき，$\omega/\omega_n = 1$ で $\varphi = -90°$ となり，さらに $\omega/\omega_n \to \infty$ で φ は $-180°$ に近づいて行くことがわかる．そして，位相線図は点 $(\omega/\omega_n = 1,\ \varphi = -90°)$ に関して点対称となる．

横軸に ω/ω_n でなく ω に目盛るときは，図4.11の線図を ω_n 倍分横方向に平行移動するだけで，形状はまったく同じである．

（5） ボード線図の描き方

一般に，制御系の一巡伝達関数は，いくつかの伝達要素が結合される場合が多い．いま，周波数伝達関数 $G(j\omega)$ が次式のように3つの伝達要素 $G_1(j\omega)$,

$G_2(j\omega)$, $G_3(j\omega)$ から成り立つものとする．

$$G(j\omega) = G_1(j\omega) \cdot G_2(j\omega) \cdot G_3(j\omega) \tag{4.43}$$

ゲインは

$$|G(j\omega)| = |G_1(j\omega)| \cdot |G_2(j\omega)| \cdot |G_3(j\omega)| \tag{4.44}$$

となり，これをデシベル値で表すと

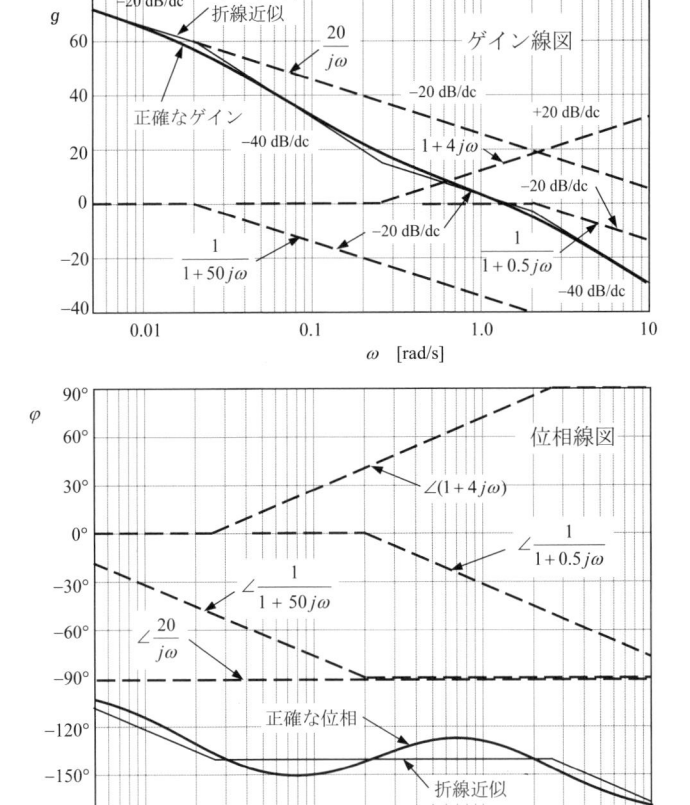

$$g = 20\log_{10}|G_1| + 20\log_{10}|G_2| + 20\log_{10}|G_3| \quad [\text{dB}] \tag{4.45}$$

図4.12 ボード線図の直線近似

となる．また位相 $\angle G$ は
$$\angle G = \angle G_1 + \angle G_2 + \angle G_3 \qquad (4.46)$$
となる．式(4.45)および式(4.46)より，ボード線図は各要素の線図を加え合わせることによって作ることができる．

[例題4.2]　$G(j\omega) = \dfrac{20(1+4j\omega)}{j\omega(1+0.5j\omega)(1+50j\omega)}$ のボード線図を作れ．

[解]　この周波数伝達関数を次の各要素に分解する．
$$\dfrac{20}{j\omega},\ 1+4j\omega,\ \dfrac{1}{1+0.5j\omega},\ \dfrac{1}{1+50j\omega}$$

まず，図4.12に示すように，これら各要素の折線近似ボード線図を描く（破線）．これら各要素の線図を加え合わせたものが，図の折線近似と示してある実線の線図である．そして，正確なゲインおよび正確な位相と示してあるものは，コンピュータで計算したもので，正確な周波数特性を表したものである．

（6）　周波数応答の計算プログラム例

前の[例題4.2]で示した図4.12では，正確に計算した線図と折線で近似したものの両方を示した．折線近似では，大まかな傾向を知る上で有効であるが，厳密な解析や設計には正確なボード線図が求められる．

今まで説明してきたように，周波数応答の計算は周波数伝達関数の絶対値と偏角を求めるだけであるから比較的簡単である．リスト4.1にTURBO Cで作成したプログラムを示す．このプログラムでは，伝達関数の分母，分子共に次のように多項式の形に直す必要がある．
$$G(s) = \dfrac{b_0 s^m + b_1 s^{m-1} + \cdots + b_{m-1} s + b_m}{a_0 s^n + a_1 s^{n-1} + \cdots + a_{n-1} s + a_n} = \dfrac{Q(s)}{P(s)}$$
そして，$s = j\omega$ とおいて，分母と分子それぞれを次のような算法で求める．
$$a_0 s^n + a_1 s^{n-1} + a_2 s^{n-2} + \cdots + a_{n-1} s + a_n$$
$$= s(s(\cdots(s(s(a_0 s + a_1) + a_2) + a_3)\cdots) + a_{n-1}) + a_n$$
求められた複素数である分母 P と分子 Q から，ゲイン $|Q|/|P|$ と位相 $\angle Q - \angle P$ を求める．

リスト4.1

```c
/*================================================================*/
/*         File Name = Frq_Resp.C                                 */
/*                                                                */
/*  伝達関数の各定数を入力し，周波数応答を計算するプログラムです． */
/*  伝達関数の分母子は共に次のような多項式の形とします．          */
/*                                                                */
/*      a[0]*s^n + a[1]*s^n-1 + ... + a[n-1]*s + a[n]             */
/*================================================================*/
#include <stdio.h>
#include <math.h>
typedef struct  {                   /* 複素数の構造 */
                  double   real, imag ;
                } complex ;
/*====================*/
/* 関数のプロトタイプ */
/*====================*/
void intro();
int inp_int(char *word);
double inp_dbl(char *c);
void inp_set(int n, double a[], char *word);
complex polynomials(int k, double c[], complex s);
complex cmul( complex a, complex b);

/*=========================*/
/*     MAIN PROGRAM        */
/*=========================*/
void main()
{
  FILE *fp;
  double  a[10], b[10];      /* 分母子の多項式定数 */
  int     m, n;              /* 分子，分母の次数 */
  double w, wmin, wmax, f ;  /*周波数とその最大値，最小値，増分ファクタ */
  double gain, phase, g_dB ; /*ゲイン，位相(deg)，ゲイン(dB) */
  complex P, Q, jw;          /*分母，分子（複素数）と s = jω */
     clrscr();
     intro();
        clrscr();
        n = inp_int("分母の次数 n");
        inp_set(n, a, "a");
        m = inp_int("分子の次数 m");
        inp_set(m, b, "b");
        wmin = inp_dbl("角周波数最小値 wmin");
        wmax = inp_dbl("角周波数最大値 wmax");
        f = inp_dbl("角周波数の刻み増分比(例w=f*w=1.05*w) f");

     if((fp = fopen("frq_resp.dat","w")) == NULL){
        printf("ファイルが開きません\n");
        exit(1);
        }

       jw.real = 0.0;
     for( w=wmin; w < wmax; w *= f){
        jw.imag = w;
        P = polynomials(n, a, jw);
        Q = polynomials(m, b, jw);
        gain = hypot(Q.real,Q.imag)/hypot(P.real,P.imag);
        g_dB = 20.0*log10(gain);
        phase = 57.2958 * ( atan2(Q.imag,Q.real)-atan2(P.imag,P.real) );
```

4.3 ボード線図   75

```
            if(phase >90) phase -= 360;      /* in degrees */

            fprintf(fp,"\n%12.4e %12.4e %12.4e %12.4e",w, gain, g_dB, phase);
            }
      fclose(fp);
}

/*========================*/
/*       説明文           */
/*========================*/
void intro()
{
  clrscr();
  puts("\n このプログラムは，伝達関数より周波数応答を計算するものです．");
  puts(" 伝達関数の分母，分子とも次の多項式の形です．\n");
  puts("     a[0]*s^n + a[1]*s^n-1 + ... + a[n-1]*s + a[n] \n");
  puts("どれかキーを押すと，スタートします．");
  getchar();
}

/*========================*/
/*      整数のインプット   */
/*========================*/
int inp_int( char *word)
{
      int n;
          printf("\n%s をインプットしてください．=>",word);
          scanf("%d",&n);
      return n;
}


/*========================*/
/*      実数のインプット   */
/*========================*/
double inp_dbl( char *word)
{
      double a;
          printf("\n %sをインプットしてください．=>",word);
          scanf("%lf",&a);
          return a;
}

/*========================*/
/* 配列のデータインプット */
/*========================*/
void inp_set (int n, double a[],char *word)
{
      int i, j ;
          for (i= 0; i <= n; i++){
              j = n - i;
              printf("\n s^%dの係数 ",j);
              printf("%s[%d]をインプットしてください．=>",word,i);
              scanf("%lf",&a[i]);
              }
}

/*========================*/
/*  多項式の複素計算       */
```

```
/*=========================*/
complex polynomials(int n, double a[], complex s)
{
    int i;
    complex z;
        z.real = a[0];
        z.imag = 0.0;
        for(i = 1; i <= n; i++){
            z = cmul(z, s);
            z.real += a[i];
        }
        return z;
}

/*=========================*/
/*   複素数の積の演算      */
/*=========================*/
complex cmul( complex a, complex b)
{
    complex x ;
    x.real = a.real * b.real - a.imag * b.imag ;
    x.imag = a.real * b.imag + a.imag * b.real ;
    return   x ;
}
```

演 習 問 題

1．伝達関数が次のように表される系の周波数応答で，角周波数 $\omega = 0$，1，2，5，10，∞ [rad/s] におけるゲインと位相を計算し，複素平面上にプロットしてベクトル軌跡の略図を描け．

$$G(s) = \frac{10}{s(0.1s+1)(0.2s+1)}$$

2．伝達関数が

$$G(s) = \frac{100}{s^2 + 14s + 100}$$

である系の周波数応答で，角周波数 $\omega = 6$，10，20 [rad/s] におけるゲインと位相を図4.6から求めよ．

3．次の伝達関数のボード線図を折線近似で描け．

（a） $G(s) = \dfrac{8}{(0.4s+1)(1.25s+1)}$

（b） $G(s) = \dfrac{20}{s(0.2s+1)(s+1)}$

（c） $G(s) = \dfrac{1+0.25s}{s^2}$

（d） $G(s) = \dfrac{25(2s+1)}{s(0.5s+1)(0.1s+1)}$

演習問題　77

4．二次系
$$G(s) = \frac{64}{s^2 + 9.6s + 64}$$
の周波数応答で，ピークゲイン M_p と共振値 ω_p を求めよ．

5．図4.13のようなボード線図(ゲイン線図)を示す伝達関数を求めよ．

(a)

(b)

(c)

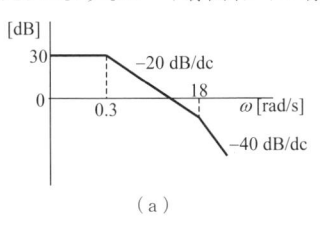

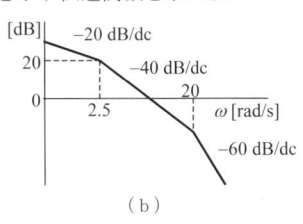

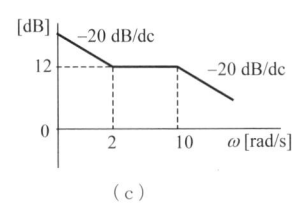

図4.13

6．図4.14は，2.1[例1]に出てきた振動計に用いられる力学系(サイズモ系)である．振動体の変位を入力，おもりの変位を出力とする伝達関数は，式(2.2)より
$$\frac{Y(s)}{X(s)} = \frac{2\zeta\omega_n s + \omega_n^2}{s^2 + 2\zeta\omega_n s + \omega_n^2}$$
となる．実際の振動計測ではおもりと振動体との相対変位 $z = y - x$ を検出する．

(a)　$X(s)$ を入力，$Z(s)$ を出力とした伝達関数を求め，ボード線図の略図を描け．このボード線図より，$\omega \gg \omega_n$ で $|Z| \cong |X|$，$\angle(Z/X) = -180°$ であることを確かめよ．

(b)　加速度計としては，入力を振動体の加速度 $a = d^2x/dt^2$，出力を z とする．この場合の伝達関数 $Z(s)/A(s)$ を求めよ．そして，$\omega \ll \omega_n$ の場合 $|Z| \cong |A|/\omega_n^2$，$\angle(Z/A) = -180°$ となることを確かめよ．

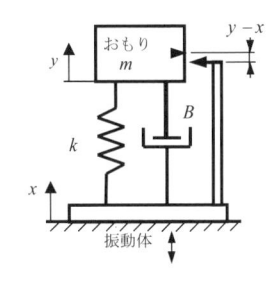

図4.14　サイズモ系

第5章 制御系の安定性

5.1 自動制御系の安定性とは

　図5.1のようなタンクの水位を常に設定水位に保つ系を考えてみる．自動制御系の用語を使ってブロック線図に表すと図5.2のようになる．

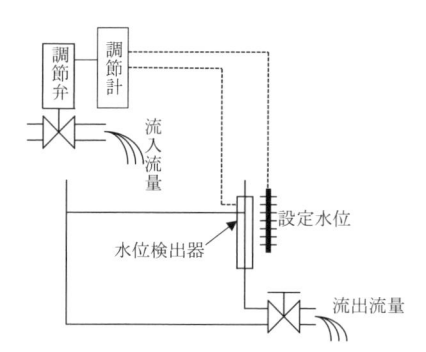

図5.1 水位の制御

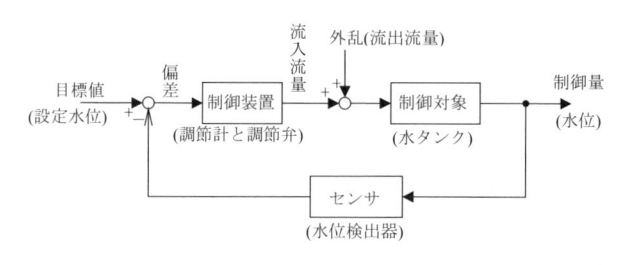

図5.2 自動制御系の例

　この自動制御系は**制御量**(水位)を**目標値**(目標水位)に追従させ，できるだけ**偏差**(目標水位と水位の差)を零とするように動作する．いまある定常状態にあるとする．ここで目標値を変更したり，**外乱**(例えば流出流量)が加わったりすると系の状態が乱れる．この過渡状態が以後どうなるかによってこの系が安定

な制御系かどうかが区別される．安定な制御系であるためには次のことが必要である．
（1） 目標値を変更したときは，制御量は新しい目標値に追従し，偏差は無限に大きくならず，一定に近づく．
（2） 外乱が加わったときは，一時的に系の状態が乱されても再びもとの状態の近くに回復する．

このようなことがらをまとめ，自動制御系の**安定性**(stability)を次のように定義することができる．

「入力や外乱によって発生する過渡現象が時間とともに減衰する系を**安定**な系，逆に発散する系を**不安定**な系，一定振幅で振動を持続する系を**安定限界**である系という．」

5.2 不安定現象が発生する系

どのような系で不安定現象が発生するのだろうか．その系にはどんな特徴があるか例を見ながら考えてみよう．

図5.3は簡単なフィードバック系である．目標値として $x(t) = 18u(t)$，すなわち大きさが18のステップ状変化が入力された場合に出力される制御量 $y(t)$ の変動を求めてみる．まず図5.3のフィードバック系を等価変換すると入力 $X(s)$ と出力 $Y(s)$ の関係，すなわち入出力間の伝達関数は式(5.1)で表される．

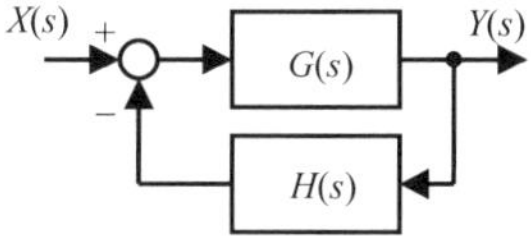

ただし，$G(s) = \dfrac{1}{s^3 + s^2 + s + 1}$
$H(s) = 5$

図5.3 フィードバック系

$$\frac{Y(s)}{X(s)} = \frac{G(s)}{1 + G(s)H(s)} \tag{5.1}$$

したがって，

$$Y(s) = \frac{G(s)}{1 + G(s)H(s)} X(s) \tag{5.2}$$

となる．式(5.2)に各々の関数を代入すると，式(5.3)のようになる．

$$Y(s) = \frac{\dfrac{1}{s^3 + s^2 + s + 1}}{1 + \dfrac{5}{s^3 + s^2 + s + 1}} \cdot \frac{18}{s} \tag{5.3}$$

これを逆変換するため，この分数式を整理し，その分母を因数分解する．

$$Y(s) = \frac{1}{s^3+s^2+s+6} \cdot \frac{18}{s} = \frac{18}{s(s+2)(s^2-s+3)} \tag{5.4}$$

これを部分分数に展開すると式（5.5）を得る．

$$Y(s) = \frac{3}{s} - \frac{1}{s+2} - 2\left\{ \frac{\left(s-\frac{1}{2}\right)}{\left(s-\frac{1}{2}\right)^2 + \left(\frac{\sqrt{11}}{2}\right)^2} + \frac{1}{\sqrt{11}} \cdot \frac{\frac{\sqrt{11}}{2}}{\left(s-\frac{1}{2}\right)^2 + \left(\frac{\sqrt{11}}{2}\right)^2} \right\} \tag{5.5}$$

なお，上式の｛ ｝の中の分母は，逆変換をしやすくするため式（5.4）の分母にある (s^2-s+3) を完全平方式に書き直したものである．ラプラス変換表を用いると，この式を簡単にラプラス逆変換することができ，次式を得る．

$$\begin{aligned}
y(t) &= 3 - e^{-2t} - 2e^{\frac{1}{2}t}\left\{ \cos\left(\frac{\sqrt{11}}{2}t\right) + \frac{1}{\sqrt{11}}\sin\left(\frac{\sqrt{11}}{2}t\right) \right\} \\
&= 3 - e^{-2t} - 4\sqrt{\frac{3}{11}}e^{\frac{1}{2}t}\sin\left(\frac{\sqrt{11}}{2}t + \beta\right)
\end{aligned} \tag{5.6}$$

ただし，β は，$\tan\beta = \sqrt{11}$ となる定数である．

式（5.6）は制御量 $y(t)$ の変動を表している．時間が経つにつれて制御量がどのように変化するか調べてみる．$t \to \infty$ とすると，式（5.6）の

　　第1項は→定数であるから変動なし
　　第2項は→負の指数をもつ指数関数であり，減衰して零になる
　　第3項は→正の指数をもつ指数関数を含むから，次第に振幅が大きくなる
　　　　　　正弦振動

を表している．したがって，これらの和である制御量 $y(t)$ は第3項同様，時間とともに振幅が大きくなる正弦振動となることがわかる．すなわち，「この系は不安定」である．

ここで，この系が不安定となる原因を探ってみよう．その原因としてすぐ気が付くのは，第3項に含まれる指数関数の係数が 1/2 という正の値になっていることである．この正の値 1/2 はどこから来たか．ラプラス変換表からわかる

ように，1/2 は式(5.5)の分母にある完全平方式の中の$(s-1/2)$にあることはすぐわかる．さらにこの 1/2 が，式(5.4)の分母を零と置いた方程式

$$s^3 + s^2 + s + 6 = 0$$

の 3 根$(-2, (1\pm\sqrt{11})/2)$のうちの共役根の実数部であることがわかる．この方程式はフィードバック系の伝達関数である式(5.1)の分母を零とする方程式

$$1 + G(s)H(s) = 0 \tag{5.7}$$

に由来している．結局，方程式(5.7)の根のうち，実数部が正の値のものがあるためこの系は不安定になるといえる．

　これまでの考察を通じて読者は，式(5.7)の根の中に実数部が正のものが 1 つでもあると，その系は不安定になることは容易に理解できるであろう．また，式(5.7)の根の中に実数部が零のものが 1 つでもあると，それにより系内の振動は発散はしないものの減衰もしないから，安定とはいえないこともわかるであろう．このように実数部が零のものがある場合，系は安定限界といわれる．

　すでに 2.4 で説明したように，伝達関数の分母を零とする方程式は特性方程式と呼ばれる．フィードバック系の入出力間の伝達関数は式(5.1)で表されるので，その分母を零と置いた式(5.7)はこの系の特性方程式といえる．以上をまとめると，「特性方程式の根の実数部がすべて負である場合，その系は安定」といえる．なお，$G(s)H(s)$はループを一回りした一巡伝達関数であるから，特性方程式は 1+(一巡伝達関数)＝0 という形でも覚えておくことができる．

5.3　制御系の安定判別

　制御系が安定かどうかを調べることを安定判別という．いくつかの例を用いて安定判別をしてみよう．

　［例1］　図5.4において，伝達関数が

$$G(s) = \frac{1}{s^2 + 0.8s + 1} \quad , \quad H(s) = k \quad (k > 0)$$

の場合の安定判別をする．特性方程式は，次のようになる．

$$1 + \frac{k}{s^2 + 0.8s + 1} = 0$$

分母をはらって整理すると

$$s^2 + 0.8s + (1+k) = 0$$

となり，この二次方程式の 2 根は次のように求まる．

$$s = -0.4 \pm \sqrt{0.4^2 - (1+k)}$$
$$= -0.4 \pm j\sqrt{k + 0.84}$$

この 2 根は実数部が -0.4 であり，負であるから，この系は安定である．

ただし，$G(s) = \dfrac{1}{s^2 + 0.8s + 1}$
$H(s) = k$

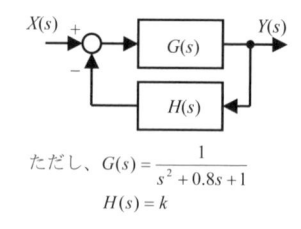

図5.4 フィードバック系の安定判別

[例2] 同じく，伝達関数が下記のときの安定判別をする．

$$G(s) = \frac{1}{s} \cdot \frac{1}{s^2 + 0.8s + 1} \quad , \quad H(s) = k \quad (k > 0)$$

この場合，特性方程式は，

$$1 + G(s)H(s) = 1 + \frac{k}{s} \cdot \frac{1}{s^2 + 0.8s + 1} = \frac{s^3 + 0.8s^2 + s + k}{s(s^2 + 0.8s + 1)} = 0$$

より，$s^3 + 0.8s^2 + s + k = 0$ となる．この三次方程式の根を一般的に解いても面倒なだけで意味がないので，いくつかの k の値について調べることにする．

（ⅰ） $k = 1.2$ のとき

$$s^3 + 0.8s^2 + s + 1.2 = 0$$

因数分解して 3 根 s_1, s_2, s_3 を求めると，

$$(s+1)(s^2 - 0.2s + 1.2) = 0$$

$$\therefore \begin{cases} s_1 = -1 \\ s_{2,3} = 0.1 \pm \sqrt{0.1^2 - 1.2} = 0.1 \pm j\sqrt{1.19} \end{cases}$$

となる．根 s_2, s_3 の実数部が正の値 0.1 であるから不安定である．

この系に単位ステップ入力が加えられた場合の出力は図 5.5 のようになるであろう．

（ⅱ） $k = 0.8$ のとき

$$s^3 + 0.8s^2 + s + 0.8 = 0$$

因数分解すると

$$(s + 0.8)(s^2 + 1) = 0$$

であるから，

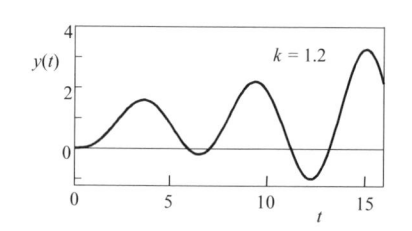

図5.5 不安定な系のステップ応答

5.3 制御系の安定判別   83

$$\therefore \begin{cases} s_1 = -0.8 \\ s_{2,3} = \pm j \end{cases}$$

となる．根 s_2, s_3 の実数部が零であるから不安定(安定限界)である．

この系に単位ステップ入力が加えられた場合の出力は図5.6のようになるであろう．

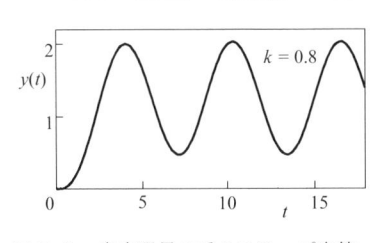

図5.6 安定限界の系のステップ応答

（ⅲ） $k = 0.425$ のとき

$$s^3 + 0.8s^2 + s + 0.425 = 0$$

因数分解すると

$$(s + 0.5)(s^2 + 0.3s + 0.85) = 0$$

であるから

$$\therefore \begin{cases} s_1 = -0.5 \\ s_{2,3} = -0.15 \pm \sqrt{0.15^2 - 0.85} = -0.15 \pm j\sqrt{0.8275} \end{cases}$$

となる．すべての根の実数部が負であるから安定である．

この系にステップ入力が加えられた場合の出力は図5.7のようになるであろう．

以上の結果をまとめると次のようになる．

　　　　$k = 1.2$　　　　不安定
　　　　$k = 0.8$　　　　不安定（ただし，
　　　　　　　　　　　　安定限界）
　　　　$k = 0.425$　　　安定

ここでは k の3種の値について安定判別したが，では k が他の値の場合にはどうだろうか．実は，本書をさらに読み進めばわかるが，本当は次のようにいえるのである．

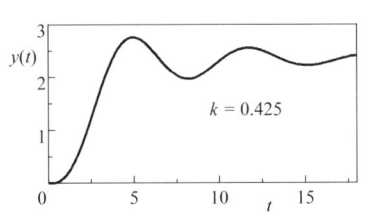

図5.7 安定な系のステップ応答

　　　　$k \geq 0.8$ では不安定（ $k = 0.8$ は安定限界）
　　　　$k < 0.8$ では安定

ここで選んだ k の値は特性方程式がちょうど因数分解できる場合ばかりであり，根を求める計算は簡単であったが，k の他の値では三次方程式を解くことになり，計算が大変である．また，特性方程式が四次以上の場合は根をその都度求めるのは到底不可能といえる．そして，ここで行ったような根をいちいち求める方法は非常に非効率であり，全体の見通しを立てることができないという点で致命的である．

実は，系の安定性を判別する際に知りたいのは，特性方程式の根そのものではなく「すべての根の実数部が負であるかどうか」ということだけなのである．この事実を利用し，安定判別法として次のようなものが考えられた．

ラウスの方法
フルビッツの方法

安定判別法としてはこの他に，ナイキストの方法という重要なものがあるがこれは後で説明することとし，次節では上記の2つの方法について説明する．

5.4 ラウス・フルビッツの安定判別法

一般には**ラウス・フルビッツの安定判別法**と呼ばれるが，これはラウスの方法とフルビッツの方法の総称である．それぞれ，E.J.Routh, A.Hurwitz が考えた方法で，表現はかなり違うが，その意味することは同じであるのでこのように総称される．これらはどちらも，対象とする系の特性方程式が代数方程式で表現されているときに適用することができる．

ここではまずラウスの方法を説明し，次にフルビッツの方法に言及する．

ラウスの安定判別法（Routh criterion）

特性方程式が，$a_0 s^n + a_1 s^{n-1} + a_2 s^{n-2} + \cdots + a_{n-1} s + a_n = 0$ のように与えられた場合，その根の実数部がすべて負であるための条件，すなわちこの系が安定であるための条件は次のように表される．

（1）　$a_0, a_1, a_2, \cdots, a_{n-1}, a_n$ がすべて存在し（零でない），正であること．
（2）　下記で計算される**ラウス列** $\{a_0, a_1, b_1, c_1, d_1, \cdots\}$ がすべて正であること．

なお，ここではどちらの条件も「正であること」という表現をしたが，厳密には「同符号であること」という表現が正しい．しかし，普通は最高次の係数 a_0 を正にして特性方程式を整理するであろうから，「同符号であること」と「正である

こと」とは同じことになる．

　さて，上記の2つの条件が成立すればよいわけであるが，2番目の条件にラウス列というものが出てくる．ラウス列を求める計算は次のように行う．

　まず，特性方程式

$$a_0 s^n + a_1 s^{n-1} + a_2 s^{n-2} + \cdots + a_{n-1} s + a_n = 0$$

の係数を次のように2行に並べる．つまり，1本の縦線を引き，その左側の1行目には，特性方程式の最高次(1項目)に対応するs^nを，2行目に特性方程式の2項目にあるs^{n-1}を書く．さらに，縦線の右側には特性方程式の係数を1行目と2行目に交互に書く．

$$
\begin{array}{rl}
1\text{行目}\rightarrow & s^n \\
2\text{行目}\rightarrow & s^{n-1}
\end{array}
\left|
\begin{array}{cccc}
a_0 & a_2 & a_4 & a_6 & \cdots \\
a_1 & a_3 & a_5 & a_7 & \cdots
\end{array}
\right.
$$

　次に，この後で述べる計算によって得られる数値を下記のように2行目の下(3行目以降)に書き加えていく．この数値の並びをラウス表(あるいはラウス配列)という．

$$
\begin{array}{rl}
1\text{行目}\rightarrow & s^n \\
2\text{行目}\rightarrow & s^{n-1} \\
3\text{行目}\rightarrow & s^{n-2} \\
 & s^{n-3} \\
 & \cdots \\
 & \cdots \\
(n+1)\text{行目}\rightarrow & s^0
\end{array}
\left|
\begin{array}{cccc}
a_0 & a_2 & a_4 & a_6 & \cdots \\
a_1 & a_3 & a_5 & a_7 & \cdots \\
b_1 & b_3 & b_5 & b_7 & \cdots \\
c_1 & c_3 & c_5 & c_7 & \cdots \\
\cdots & \cdots & \cdots & \cdots \\
\cdots & \cdots & \cdots \\
x_1
\end{array}
\right.
$$

$(n+1)$行目，つまりs^0の行まで書き加えればこの計算は終了する．添え字の番号の付け方に注意してほしい．さて，肝心の$b_1, b_3, b_5, \cdots$や$c_1, c_3, c_5, \cdots$の計算はどのようにするのであろうか．まず3行目にかき加える$b_1, b_3, b_5, \cdots$は，1行目と2行目の数値を使って次のように計算する．

$$b_1 = \frac{-\begin{vmatrix} a_0 & a_2 \\ a_1 & a_3 \end{vmatrix}}{a_1} = \frac{a_1 a_2 - a_0 a_3}{a_1}$$

$$b_3 = \frac{-\begin{vmatrix} a_0 & a_4 \\ a_1 & a_5 \end{vmatrix}}{a_1} = \frac{a_1 a_4 - a_0 a_5}{a_1}$$

$$b_5 = \frac{-\begin{vmatrix} a_0 & a_6 \\ a_1 & a_7 \end{vmatrix}}{a_1} = \frac{a_1 a_6 - a_0 a_7}{a_1}$$

$$b_7 = \cdots\cdots$$

この 3 行目の計算では，分子にある行列式の左の列はいつも a_0 と a_1 であり，分母はいつも a_1 であることに注意してほしい．

次に，4 行目に書き加える c_1, c_3, c_5, … は，2 行目と 3 行目の数値を使って次のように計算する．

$$c_1 = \frac{-\begin{vmatrix} a_1 & a_3 \\ b_1 & b_3 \end{vmatrix}}{b_1} = \frac{b_1 a_3 - a_1 b_3}{b_1}$$

$$c_3 = \frac{-\begin{vmatrix} a_1 & a_5 \\ b_1 & b_5 \end{vmatrix}}{b_1} = \frac{b_1 a_5 - a_1 b_5}{b_1}$$

$$c_5 = \frac{-\begin{vmatrix} a_1 & a_7 \\ b_1 & b_7 \end{vmatrix}}{b_1} = \frac{b_1 a_7 - a_1 b_7}{b_1}$$

$$c_7 = \cdots\cdots$$

ここの計算では，分子にある行列式の左の列はいつも a_1 と b_1 であり，分母はいつも b_1 である．この計算は，3 行目の b_1, b_3, b_5, … の計算とまったく同じパターン（表の中の同じ相対位置にある数値を使って計算している）であることをラウスの表で確認してほしい．実は 5 行目以降もまったく同じパターンの繰り返しであるので，ここに書くことは省略する．つまりこのパターンさえ覚えれば，ここに書いた式をいちいちすべて覚える必要はない．なお，計算の途中で，表の中の必要とする位置に数値が存在しない場合，その数値を零として計算を進めればよい．

このようにして，表の計算を進め，s^0 の行まで計算が終了したとする．得られた表の中の，縦線のすぐ右側に並んでいる数値列 $\{a_0, a_1, b_1, c_1, d_1, \cdots, x_1\}$ が「ラウス列」である．このラウス列に符号変化がなければ（すべて正なら）この系は安定であり，符号変化があれば不安定となる．さらに，その符号変化の回数は実数部が正であるような根の数と等しい．すなわち，ラウス列は不安定根の数と

同じ回数だけ符号変化する．

　ここで，ラウス列のある要素が計算の途中で零になるような特殊な場合について説明しておく．このような場合，そのままでは以降の計算を進めることができない．ラウス表のある行を計算するとき，1つ前の行のラウス列の要素で割り算をする必要（3 行目の計算は a_1，4 行目の計算は b_1 で割り算する）があるが，どこかでラウス列の要素が零になると，次の行を求めるには零で割ることになり，計算ができないわけである．この場合，ラウス列の要素が正ではないわけだからもちろん不安定であるが，下記のようにしてさらに計算を進めるとその他の意義深い情報も得ることができる．状況によって，計算の進め方は次の2通りある．

（1）第1の場合

　ラウス表のある行，例えば s^{k-1} 行の最初の要素（つまりラウス列の要素）が零となるが，その行には零でない要素があるとき．

$$\begin{array}{c|cccc} \cdots & \cdots & \cdots & \cdots & \\ s^k & p_1 & p_3 & p_5 & \cdots \\ s^{k-1} & 0 & q_3 & q_5 & \cdots \end{array}$$

上の例では，ラウス列の要素である q_1 が零となってしまったが，q_3 や q_5 は零ではない．この場合は，q_1 にあたる 0 を下記のように ε（$\varepsilon > 0$ の微小値）に置き換えて計算を最後まで続け，その後でラウス列の符号変化の回数を調べる．

$$\begin{array}{c|cccc} \cdots & \cdots & \cdots & \cdots & \\ s^k & p_1 & p_3 & p_5 & \cdots \\ s^{k-1} & \varepsilon & q_3 & q_5 & \cdots \\ s^{k-2} & \dfrac{\varepsilon p_3 - p_1 q_3}{\varepsilon} & \cdots & \cdots & \cdots \end{array}$$

（2）第2の場合

　ラウス表のある行（例えば s^{k-1} の行）の要素がすべて零となったとき．

$$\begin{array}{c|cccc} \cdots & \cdots & \cdots & \cdots & \\ s^k & p_1 & p_3 & p_5 & \cdots \\ s^{k-1} & 0 & 0 & 0 & 0 \end{array}$$

まず，その上の s^k 行の要素を用いて，次のような補助多項式を作る．

$$P(s) = p_1 s^k + p_3 s^{k-2} + p_5 s^{k-4} + \cdots$$

そして，補助多項式 $P(s)$ を s で微分して得られる多項式

$$P'(s) = kp_1 s^{k-1} + (k-2) p_3 s^{k-3} + (k-4) p_5 s^{k-5} + \cdots$$

の係数を s^{k-1} 行の要素として用い，計算を進める．すなわち次のようにする．

	...	...	...	...
s^k	p_1	p_3	p_5	...
s^{k-1}	kp_1	$(k-2)p_3$	$(k-4)p_5$	...

このようになる場合，実は元の特性方程式は，原点に対称な対になった根（つまり偶数個）を有する．さらにまた，その根は $P(s)=0$ の根としても得られる．

[例題5.1] 5.3［例2］の系の安定判別を行え．

[解] $G(s) = \dfrac{1}{s(s^2 + 0.8s + 1)}, \quad H(s) = k$

であるから，この系の特性方程式

$$1 + G(s)H(s) = 0$$

は次のようになる．

$$1 + \frac{k}{s(s^2 + 0.8s + 1)} = 0$$

これを展開すると，次式となる．

$$s^3 + 0.8s + s + k = 0$$
$$\downarrow \quad \downarrow \quad \downarrow \quad \downarrow$$
$$a_0 \quad a_1 \quad a_2 \quad a_3$$

この特性方程式は次数 $n=3$ で，係数がすべて正であるためには $k>0$ が必要であり，ラウス表は下記のようになる．

$$\begin{array}{c|cc} s^3 & 1 & 1 \\ s^2 & 0.8 & k \\ s^1 & \left(\dfrac{0.8-k}{0.8}\right) & \\ s^0 & k & \end{array}$$

ラウス列が正となる条件から,

$$\frac{0.8-k}{0.8} > 0 , \quad k > 0$$

したがって, これらの条件をまとめると,

$$0 < k < 0.8$$

となり, この範囲で安定である. この結果は, 前節で苦労して調べた結果と矛盾していない.

[例題5.2] 特性方程式が
$$8s^4 + 4s^3 + 3s^2 + s + 4 = 0$$
である系の安定判別をせよ.

[解] まず, 特性方程式の係数はすべて正である条件を満足している.

次にラウス表は,

$$8s^4 + 4s^3 + 3s^2 + s + 4 = 0$$
$$\downarrow \quad \downarrow \quad \downarrow \quad \downarrow \quad \downarrow$$
$$n = 4 \quad a_0 \quad a_1 \quad a_2 \quad a_3 \quad a_4$$

であるから s^4 から s^0 の行までが次のように計算される.

$$\begin{array}{c|ccc} s^4 & 8 & 3 & 4 \\ s^3 & 4 & 1 & \\ s^2 & 1 & 4 & \\ s^1 & -15 & & \\ s^0 & 4 & & \end{array}$$

これよりラウス列は $(8, 4, 1, -15, 4)$ である. このラウス列の符号は2回変化している. すなわち, $1 \to -15$ のところと $-15 \to 4$ のところである. したがって不安定であり, 不安定根は2つある.

[例題5.3] 特性方程式が
$$s^5 + 4s^4 + 5s^3 + 20s^2 + 5s + 4 = 0$$

である系の安定判別をせよ.

［解］まず，特性方程式の係数はすべて正である条件を満足している.
次に，
$$s^5 + 4s^4 + 5s^3 + 20s^2 + 5s + 4 = 0$$
$$\downarrow \quad \downarrow \quad \downarrow \quad \downarrow \quad \downarrow \quad \downarrow$$
$$n=5 \quad a_0 \quad a_1 \quad a_2 \quad a_3 \quad a_4 \quad a_5$$

であるから，ラウス表は s^5 から s^0 の行までを計算する必要がある.
s^3 の行を計算すると，

$$\begin{array}{c|ccc} s^5 & 1 & 5 & 5 \\ s^4 & 4 & 20 & 4 \\ s^3 & 0 & 4 & \\ s^2 & & & \\ s^1 & & & \\ s^0 & & & \end{array}$$

のようになり，ラウス列の要素となるべき所が 0 となってしまった．したがって，s^2 の行が計算できない．しかし s^3 の行はすべての要素が 0 ではなく，4 もある．これは先に示した（第 1 の場合）にあたる．この場合は不安定といえるが，不安定根の数を知るために，次のように 0 を微小な正の値 ε に置き換えて計算を進める.

$$\begin{array}{c|ccc} s^5 & 1 & 5 & 5 \\ s^4 & 4 & 20 & 4 \\ s^3 & \varepsilon & 4 & \\ s^2 & \dfrac{5\varepsilon-4}{\varepsilon} & 1 & \\ s^1 & \dfrac{4\left(\dfrac{5\varepsilon-4}{\varepsilon}\right)-\varepsilon}{\left(\dfrac{5\varepsilon-4}{\varepsilon}\right)} & & \\ s^0 & 1 & & \end{array}$$

次に，元々 ε は 0 であったから，ε を正の方から 0 に近づけたときにラウス列の計算値がどのような符号の数値に収束するかを調べる.
つまり $\varepsilon \to +0$ のとき

$$\frac{5\varepsilon-4}{\varepsilon} \to -\infty \quad （負の値）$$

$$\frac{4\left(\dfrac{5\varepsilon-4}{\varepsilon}\right)-\varepsilon}{\left(\dfrac{5\varepsilon-4}{\varepsilon}\right)} = \frac{4(5\varepsilon-4)-\varepsilon^2}{5\varepsilon-4} \to 4 \quad (正の値)$$

となる．これよりラウス列の符号は 2 回変化していることがわかる．したがって，不安定根の数は 2 個である．

[例題 5.4] 特性方程式が
$$s^6 + 3s^5 + 2s^4 + 9s^3 + 6s^2 + 15s + 7 = 0$$
である系の安定判別をせよ．

[解] まず，特性方程式の係数はすべて正である条件を満足している．

次に
$$s^6 + 3s^5 + 2s^4 + 9s^3 + 6s^2 + 15s + 7 = 0$$
$$\downarrow \quad \downarrow \quad \downarrow \quad \downarrow \quad \downarrow \quad \downarrow \quad \downarrow$$
$$n=6 \quad a_0 \quad a_1 \quad a_2 \quad a_3 \quad a_4 \quad a_5 \quad a_6$$

であるから，下記のようにラウス表は s^6 から s^0 の行までを計算する必要がある．

s^6	1	2	6	7
s^5	$3 \to 1$	$9 \to 3$	$15 \to 5$	(←行ごと3で割る)
s^4	-1	1	7	
s^3	$4 \to 1$	$12 \to 3$		(←行ごと4で割る)
s^2	4	7		
s^1	5/4			
s^0	7			

この例の計算のように，1 行の数字がすべて何かの倍数になっていたら，行ごとその数で割ってもよい．その方がずっと計算が簡単になる．ラウス列の計算では，数値の正負だけが問題であり，その数値自体はあまり重要ではないのである．さて，この場合はラウス列は 2 回符号変化しているから不安定であり，不安定根は 2 個あることになる．

[例題 5.5] 特性方程式が
$$s^4 + s^3 + 5s^2 + 3s + 6 = 0$$
である系の安定判別をせよ．

[解] まず，特性方程式の係数はすべて正である条件を満足している．

次に，
$$s^4 + s^3 + 5s^2 + 3s + 6 = 0$$
$$\downarrow \quad \downarrow \quad \downarrow \quad \downarrow \quad \downarrow$$
$$n=4 \quad a_0 \quad a_1 \quad a_2 \quad a_3 \quad a_4$$

であるから，ラウス表は下記のように s^4 から s^0 の行までを計算する必要がある．

$$\begin{array}{c|ccc} s^4 & 1 & 5 & 6 \\ s^3 & 1 & 3 & \\ s^2 & 2\to 1 & 6\to 3 & \\ s^1 & 0 & 0 & \\ s^0 & & & \end{array}$$

s^1 行の数が2つとも全部0になってしまった．これは先に示した（第2の場合）にあたる．この場合は不安定といえるが，不安定根を知るために，次のように s^2 行の要素（1と3）を用いて補助多項式を作り，それを s で微分する．

$$P(s) = s^2 + 3$$
$$P'(s) = 2s + 0$$

$P'(s)$ の係数は，（2と0）であるから，s^1 行の要素をこの（2と0）に置き換えて次のように計算を進める．

$$\begin{array}{c|ccc} s^4 & 1 & 5 & 6 \\ s^3 & 1 & 3 & \\ s^2 & 2\to 1 & 6\to 3 & \\ s^1 & 0\to 2 & 0\to 0 & \\ s^0 & 3 & & \end{array}$$

ラウス列は (1, 1, 1, 2, 3) となるので，符号の変化はない．しかし，本当は1回0となっていたから，安定とはいえない．この場合は次のように解釈できる．つまり，ラウス列に符号の変化はないので完全な不安定根（実数部が正であるような根）はない．しかし前にも述べたように，原点に対称な根があるはずである．原点に対称で，そのどちらも実数部が正でないような根は，両者が虚軸上にある場合しかない．そしてその根は，

$$P(s) = s^2 + 3 = 0$$

の根として得られるというわけである．実際にこれを解いてみるとすぐに

$$s = \pm\sqrt{3}j$$

という解が得られるが，これは確かに純虚数であり虚軸上にある．さらに元の特性方程式は，
$$s^4 + s^3 + 5s^2 + 3s + 6 = (s^2 + 3)(s^2 + s + 2) = 0$$
と因数分解され，
$$s = \pm\sqrt{3}j$$
は確かに特性方程式の根となっていることが確認できる．

［例題5.6］ 図5.8に示す系において，安定限界となる k と，そのときの持続振動の角周波数（発振角周波数）ω_c を求めよ．

［解］ この系の特性方程式は次のように求められる．

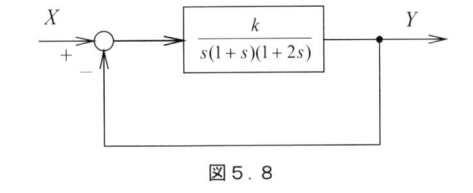

図5.8

$$1 + \frac{k}{s(1+s)(1+2s)} = 0$$

この分母をはらって展開すると次式を得る．

$$2s^3 + 3s^2 + s + k = 0$$
$$\qquad\downarrow\quad\ \ \downarrow\quad\ \downarrow\quad\downarrow$$
$$n=3\quad a_0\quad\ a_1\quad a_2\quad a_3$$

係数が正の条件から，$k>0$ である．

次に，ラウス表は，

$$\begin{array}{c|cc}
s^3 & 2 & 1 \\
s^2 & 3 & k \\
s^1 & \left(\dfrac{3-2k}{3}\right) & 0 \\
s^0 & k &
\end{array}$$

となる．ラウス列の要素がすべて正になるには，

$$\frac{3-2k}{3} > 0 \quad\text{つまり}\quad k < 3/2$$

であるから，この系が安定となる k の範囲は，$0<k<3/2$ となる．安定限界は $k=3/2$ である．この安定限界においては，ラウス表の s^1 行の要素はすべて零になるから，s^2 行の要素を用いて補助多項式 $P(s)$ を作る．

$$P(s) = 3s^2 + k = 3s^2 + \frac{3}{2}$$

$P(s) = 0$ とおいた解は，もとの特性方程式の根であり，この場合は虚軸上の根になっている(安定限界であるから，実数部が正になる根はない．そして原点に対称な一対の根の両方ともがこれを満足するものは，虚軸上の一対の根しかない)．実際に $P(s) = 0$ を解くと，簡単に

$$s = \pm\sqrt{1/2}\, j$$

が得られる．このような虚軸上の根(つまり純虚数の根)に対応する時間応答は，減衰のない持続振動であり，根の絶対値は振動の角周波数である．したがって，持続振動の角周波数 ω_c は次式で表される．

$$\omega_c = \sqrt{1/2}$$

フルビッツの安定判別法 (Hurwitz criterion)

特性方程式が，

$$a_0 s^n + a_1 s^{n-1} + a_2 s^{n-2} + \cdots + a_{n-1} s + a_n = 0$$

のように与えられた場合，その根の実数部がすべて負であるための条件，すなわちこの系が安定であるための条件は次のように表される．

(1) $a_0, a_1, a_2, \cdots, a_{n-1}, a_n$ がすべて存在し(零でない)，正であること．
(2) 次に示す $(n-1)$ 次のフルビッツの行列式およびその主座小行列式がすべて正であること．

なお，主座小行列式は，もとの行列式の左上の部分だけを適宜切り取った小行列式のことをいう．

フルビッツの行列式：
$$\begin{vmatrix} a_1 & a_3 & a_5 & a_7 & \cdots & a_{2n-3} \\ a_0 & a_2 & a_4 & a_6 & \cdots & a_{2n-4} \\ 0 & a_1 & a_3 & a_5 & \cdots & a_{2n-5} \\ 0 & a_0 & a_2 & a_4 & \cdots & a_{2n-6} \\ 0 & 0 & a_1 & a_3 & \cdots & a_{2n-7} \\ 0 & 0 & a_0 & a_2 & \cdots & a_{2n-8} \\ \cdots & \cdots & \cdots & \cdots & \cdots & \\ 0 & 0 & 0 & 0 & \cdots & a_{n-1} \end{vmatrix}$$

例えば，$n=5$ の場合，フルビッツの行列式およびその主座小行列式に対する条件式は次のようになる．

$$\begin{vmatrix} a_1 & a_3 & a_5 & 0 \\ a_0 & a_2 & a_4 & 0 \\ 0 & a_1 & a_3 & a_5 \\ 0 & a_0 & a_2 & a_4 \end{vmatrix} > 0, \quad \begin{vmatrix} a_1 & a_3 & a_5 \\ a_0 & a_2 & a_4 \\ 0 & a_1 & a_3 \end{vmatrix} > 0, \quad \begin{vmatrix} a_1 & a_3 \\ a_0 & a_2 \end{vmatrix} > 0$$

この方法は，ラウスの方法と同値である．

[例題 5.7] 次のような特性方程式をもつ系の安定判別をせよ．
(1) $s^3 + 0.8s^2 + s + k = 0$
(2) $5s^4 + 3s^2 + 2s^2 + 4s + 7 = 0$

[解]
(1) $s^3 + 0.8s^2 + s + k = 0$ の係数がすべて正より，$k > 0$
　　フルビッツの行列式

$$\begin{vmatrix} a_1 & a_3 \\ a_0 & a_2 \end{vmatrix} = \begin{vmatrix} 0.8 & k \\ 1 & 1 \end{vmatrix} = 0.8 - k > 0$$

したがって，$0 < k < 0.8$ のとき安定である．

(2) 特性方程式の係数はすべて正である．
次に，フルビッツの行列式および主座小行列式

$$\begin{vmatrix} a_1 & a_3 \\ a_0 & a_2 \end{vmatrix} = \begin{vmatrix} 3 & 4 \\ 5 & 2 \end{vmatrix} = 6 - 20 = -14 < 0$$

$$\begin{vmatrix} a_1 & a_3 & 0 \\ a_0 & a_2 & a_4 \\ 0 & a_1 & a_3 \end{vmatrix} = 計算するまでもない$$

この系は不安定である．

5.5 ナイキストの安定判別法

前節で説明したラウス・フルビッツの安定判別法の利用には明らかな限界がある．特性方程式が s の代数方程式で表されていなければ使用することができないのである．

ところが，実際には特性方程式が代数方程式ではなかったり，系の伝達特性が数式ではなく実験的曲線で表されているような場合すらある．例えば，むだ時間を含む系では伝達関数に e^{-Ls} のような項が入ってくるので特性方程式が s の代数方程式にはならない．

このような場合，どのようにして安定判別をすればよいのだろうか．それを解決したのがナイキスト(H. Nyquist)という人物である．1930年代に増幅器の設計をするために彼が考え出したもので，その由来からして非常に物理的な説明がしやすい方法である(それに対して，前節に示したラウス・フルビッツの方法はまったく数学的な考えに基づくもので，その理由をこの本で説明しても何の意味もないが，ナイキストの方法はその原理を説明する意味が非常にある)．

ナイキストの方法の原理はまことに簡単なものである．ここに信号が伝わるループがあるとしよう．何らかの信号がそのループを1周して来たとき，信号の大きさ(振幅と考えればよい)が1周する前よりも大きくなっているようだったら，その系は不安定といわなければならない．なぜなら，信号はどんどん周回を重ねるので，その度に信号は大きくなり，最終的には無限大の大きさになってしまうからである．これがナイキストの方法の原理である．しかし以上の説明はかなり直感的なものであって正確ではない．もう少しきちんと説明すると次のようになる．

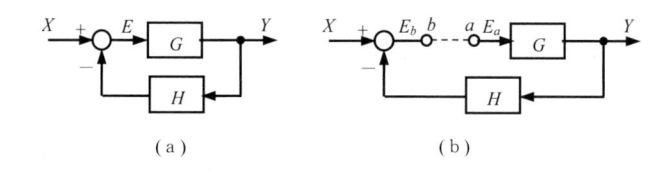

図5.9　フィードバック系

図5.9(a)のようなフィードバック系を考えよう．入力 X，出力 Y で，前向き要素の伝達関数 G，フィードバック経路の後ろ向き伝達要素 H，偏差 E である．信号はフィードバックループをぐるぐる回ることになる．ここで信号が周回する前後を比較するため，(b)のように「仮想的」にループを区切って考えてみよう．周波数伝達関数のところで説明したように，一般に，ある伝達要

素 $G(s)$ に角周波数 ω の正弦波 $X(j\omega)$ が入力されたときの出力 $Y(j\omega)$ は，周波数伝達関数を用いることにより，定常的には式(5.8)で表される．

$$Y(j\omega) = G(j\omega)X(j\omega) \qquad (5.8)$$

つまり，入力に周波数伝達関数 $G(j\omega)$ を掛ければ出力が得られる．そこで，図5.9(b)において，a 点から $E_a(j\omega)$ という正弦状信号が伝達要素に入力されたとしてこれを適用する．信号 $E_a(j\omega)$ がループを回って b 点に達するまでに伝達要素 G および H を経由し，さらに加え合わせ点で符号が変るから，b 点に達した時の信号 $E_b(j\omega)$ は式(5.9)で表される．

$$E_b(j\omega) = -G(j\omega)H(j\omega)E_a(j\omega) \qquad (5.9)$$

なお，ここでは図5.9のフィードバック系全体への入力は何もない状態で考えている．つまり，図中の入力 X は $X=0$ として考えている．

さて，もしここで「$E_b(j\omega)$ が $E_a(j\omega)$ とまったく同位相で，$E_b(j\omega)$ の振幅が $E_a(j\omega)$ の振幅より大きい」とするとどうなるであろうか．実際には a 点と b 点は直接つながっているから，信号が周回するたびに位相はまったく同じで振幅はその度に大きくなることになる．結局，信号が無限大に大きくなるわけだから，この系は不安定といえるだろう．

この不安定となる条件を式を用いて表現すると次のようになる．まず，位相が同じというのは，位相がまったく同じか $360°$ の整数倍ずれていることを意味しているから，位相に関する条件は，式(5.9)を使って次のように書ける．

$$\angle E_b(j\omega) - \angle E_a(j\omega) = \angle\left(\frac{E_b(j\omega)}{E_a(j\omega)}\right) = \angle -G(j\omega)H(j\omega) = 360° \times N \qquad (5.10)$$

ただし，N は任意の整数である．負号（-1）は $180°$ の位相ずれと考えることができるから，上式を負号をとって書き直すと次のようになる．

$$\angle\left(-\frac{E_b(j\omega)}{E_a(j\omega)}\right) = \angle G(j\omega)H(j\omega) = 180° \times (2m+1) \qquad (5.11)$$

ただし，m は任意の整数である．

次に振幅に関する条件は，式(5.9)を使って次のように書ける．

$$\left|\frac{E_b(j\omega)}{E_a(j\omega)}\right| = |G(j\omega)H(j\omega)| \geq 1 \qquad (5.12)$$

式(5.11)と式(5.12)の両式は，フィードバックループの一巡伝達関数

$G(s)H(s)$ について，系が不安定となる条件を表しているといえる．

この条件は図示すればきわめてわかりやすい．ω を $0 \to \infty$ のように変えながら $G(j\omega)H(j\omega)$ の値を複素平面上に描いて図5.10のようなベクトル軌跡が得られたとする．式(5.11)は位相が $180°$ の奇数倍の所，すなわち実軸の負の部分を意味しており，式(5.12)はそこでの絶対値が1より大きいことを意味している．したがって，図5.10(a)のようにベクトル軌跡が -1 より左側で実軸と交差すると不安定といえる．逆に，(b)のように -1 より右側で実軸の負の部分と交差すると安定といえる．このことは，ベクトル軌跡が -1 の点を左に見ながら進めば安定といい換えることもできる．

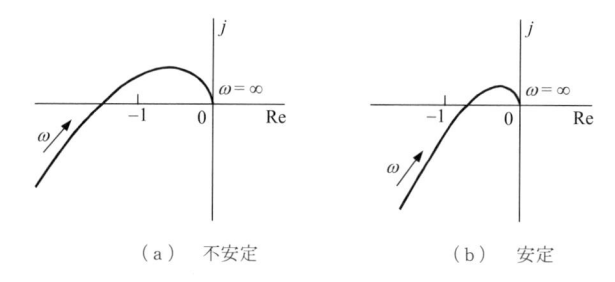

(a) 不安定　　　　　　(b) 安定

図5.10　一巡伝達関数のベクトル軌跡（ナイキスト線図）

以上のように，一巡伝達関数の**ベクトル軌跡**はナイキストの安定判別法を使用するうえで基本的な線図であるので，一巡伝達関数のベクトル軌跡のことを**ナイキスト線図**ともいう．以上をまとめると次のようになる．

ナイキストの安定判別法（Nyquist criterion）
「ω を $0 \to \infty$ と変化させたときに得られる一巡伝達関数 $G(s)H(s)$ のベクトル軌跡，すなわちナイキスト線図が，(-1) の点を左に見て進むときは安定，右に見て進むときは不安定である．」

なお，この条件は簡単化したものであり，一巡伝達関数 $G(s)H(s)$ の極が複素平面上の右半平面にない場合にだけ使用できる．しかし，通常はそのような極がない場合がほとんどであるから，この表現でほとんど問題はない．

しかし，念のため一巡伝達関数 $G(s)H(s)$ の極が複素平面上の右半平面にある場合も含む一般的な安定条件を示しておく．

ナイキストの安定判別法(一般的)

「ω を $-\infty \to \infty$ と変化させたときに得られる一巡伝達関数 $G(s)H(s)$ のベクトル軌跡が,点(-1)の周りを半時計方向に R 回周回したとする.次に,一巡伝達関数 $G(s)H(s)$ の極のうち,複素平面上で右半平面内のものが P 個存在したとする.このとき,この制御系が安定であるための必要十分条件は,$P=R$ である.」

[例題5.8] 図5.9の一巡伝達関数が

$$GH = \frac{K}{1+Ts} \quad (ただし,\ K>0,\ T>0)$$

の場合,安定かどうかを判別せよ.

[解] すでに 4.2 [例1] で示したように,この場合の $G(j\omega)H(j\omega)$ のベクトル軌跡は図5.11のように中心が $(K/2, 0)$ で,半径が $K/2$ の半円で表される.GH の極は $-1/T$ だけであり,複素平面上の右半面に極はない.そこでナイキストの安定判別法の単純化した表現を用いる.この図から明らかなように,GH のベクトル軌跡は点(-1)を右に見て進むことはない(一巡伝達関数は一次遅れ要素であるから,位相の遅れは $0°$ 〜 $-90°$ であり,ベクトル軌跡は第4象限の外へ出ることはない.すなわち,-1 の点の左側に回り込むことはない).したがって,この系は常に安定である.

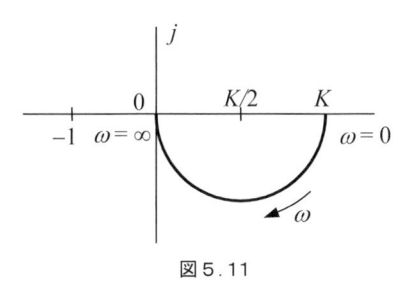

図5.11

[例題5.9] 一巡伝達関数が

$$GH = \frac{K}{(1+T_1 s)(1+T_2 s)} \quad (K>0, T_1, T_2 > 0)$$

の場合,安定かどうか判別せよ.

[解] 一巡伝達関数の周波数伝達関数は次式となる.

$$G(j\omega)H(j\omega) = \frac{K}{(1+j\omega T_1)(1+j\omega T_2)}$$

この関数の値は下記のように概算される.

$\omega \approx 0$ では $G(j\omega)H(j\omega) \approx K$

$\omega \to \infty$ では $G(j\omega)H(j\omega) \to \dfrac{K}{(j\omega T_1)(j\omega T_2)} = -\dfrac{K}{\omega^2 T_1 T_2}$

下の式は，$\omega \to \infty$ のときに，ベクトル軌跡が負の実軸の方向から原点に近づくことを意味している．さらに，一巡伝達関数は 2 個の一次遅れ要素の積であり，位相遅れが $-180°$ を越えることはない．すなわち，ベクトル軌跡は第 4 象限から第 3 象限まで進むのみである．これらを参考に，ベクトル軌跡の概略図 5.12 を描くことができる．明らかに，ベクトル軌跡は -1 の点の左側に回り込むことはないので，この系は常に安定である．

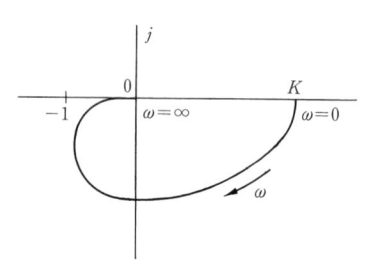

図 5.12

[例題 5.10] 一巡伝達関数が

$$GH = \dfrac{K}{(1+T_1 s)(1+T_2 s)(1+T_3 s)} \quad (k>0, T_1, T_2, T_3 > 0)$$

の場合，安定かどうかを判別せよ．

[解] この場合，周波数伝達関数は次式となる．

$$G(j\omega)H(j\omega) = \dfrac{K}{(1+j\omega T_1)(1+j\omega T_2)(1+j\omega T_3)}$$

この関数の値は下記のように概算される．

$\omega \approx 0$ では $G(j\omega)H(j\omega) \approx K$

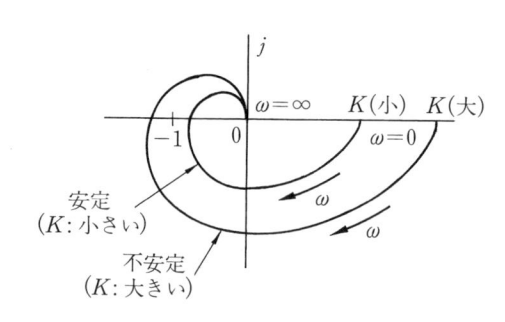

図 5.13

$\omega \to \infty$ では $G(j\omega)H(j\omega) \to \dfrac{K}{(j\omega T_1)(j\omega T_2)(j\omega T_3)} = j\dfrac{K}{\omega^3 T_1 T_2 T_3}$

下の式は，$\omega \to \infty$ のとき，ベクトル軌跡が正の虚軸方向から原点に近づくことを意味している．また位相遅れは最大 $-270°$ までである．これらを参考にして概略図5.13を描くことができる．この系では，ゲイン K の大きさによって安定かどうかが決まる．図に示すように，K がある値より大きい場合には，ベクトル軌跡が -1 の点の左側を回るように進むから不安定となる．

[例題5.11] 一巡伝達関数が

$$GH = \dfrac{K}{s(1+T_1 s)(1+T_2 s)} \quad (K>0, \ T_1, T_2 > 0)$$

の場合，安定かどうかを判別せよ．

[解] この周波数伝達関数は次のように概算される．

$\omega \to 0$ のとき

$$G(j\omega)H(j\omega) = \dfrac{K}{j\omega(1+j\omega T_1)(1+j\omega T_2)}$$
$$\approx \dfrac{K}{j\omega}(1-j\omega T_1)(1-j\omega T_2) \approx \dfrac{K}{j\omega}\{1-j\omega(T_1+T_2)\}$$
$$\to -j\infty - K(T_1+T_2)$$

$\omega \to \infty$ のとき

$$G(j\omega)H(j\omega) \approx \dfrac{K}{j\omega(j\omega T_1)(j\omega T_2)} = j\dfrac{K}{\omega^3 T_1 T_2} \quad : 正の純虚数$$

したがって，この場合のベクトル軌跡は，図5.14のように，第3象限の下の方から上ってきて，第2象限で旋回して虚軸の上方から原点に向かう．これより，K が小さくベクトル軌跡が -1 の点の右側を通過する場合は安定，逆に K が大きく -1 の点の左側を回る場合は不安定となる．

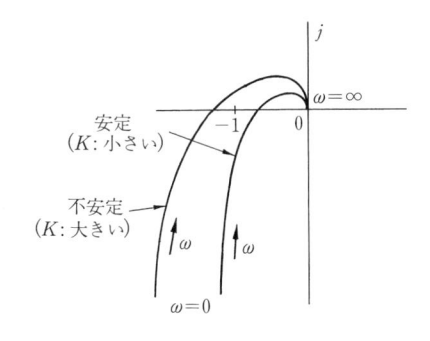

図5.14

演習問題

1. 一巡伝達関数が
$$G(s) = \frac{5}{s^3 + 6s^2 + 11s + 1}$$
の場合，制御系の安定判別を行え．

2. 特性方程式が下記の場合の安定判別をラウスの方法で行え．
　（1）　$5s^4 + 6s^3 + 7s^2 + 8s + 9 = 0$
　（2）　$s^4 + 3s^3 + 7s^2 + 7s + 6 = 0$
　（3）　$s^5 + 3s^4 + 4s^3 + 12s^2 + 4s + 3 = 0$
　（4）　$s^4 + 3s^3 + 7s^2 + 6s + 10 = 0$

3. 特性方程式が下記の場合の安定判別をラウスの方法とフルビッツの方法で行い比較せよ．
　（1）　$s^4 + s^3 + 2s^2 + s + 3 = 0$
　（2）　$s^4 + 4s^3 + 7s^2 + 12s + 8 = 0$

4. 図5.15の系において，ナイキストの安定判別法の考え方を利用して安定限界となる k の値，およびそのときの発振角周波数 ω_c を求めよ．

　ヒント：一巡伝達関数を $G(s)$ としたとき，安定限界では，$G(j\omega)$ のベクトル軌跡がちょうど点(-1)を通ることを利用せよ．

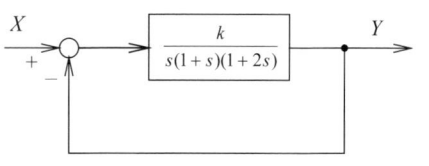

図5.15　 一巡伝達関数 $\dfrac{k}{s(1+s)(1+2s)}$

5. 図5.16の系において，系が安定となる (a, b) の領域を ab 座標上に示せ．

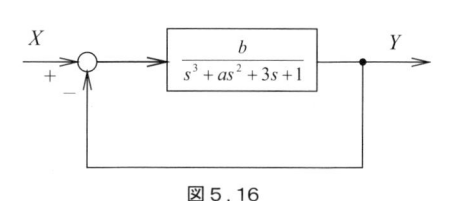

図5.16　 一巡伝達関数 $\dfrac{b}{s^3 + as^2 + 3s + 1}$

第6章　制御系の安定度と速応性

6．1　制御の良さ

　前章まで述べてきた中で，一次遅れ系の時定数，二次系の減衰比と固有角周波数などは，それぞれの制御系としての性能を示す定数である．さらに，過渡応答における行き過ぎ量，行き過ぎ時間，遅れ時間，整定時間，定常偏差なども制御の良さの一面を示している．

　また，周波数応答は，出力信号が，正弦波入力信号をどの周波数範囲で，どの程度忠実に再現しうるかを示す特性であり，やはり制御の良さを表している．したがって，閉ループ系の周波数特性を示すベクトル軌跡やボード線図によって，制御性の良さを評価できる．一方，開ループ系の周波数特性と閉ループ系の周波数特性との間には既定の関係があり，次節で述べるように，開ループ系の周波数特性から閉ループ系の周波数特性を導き出すこともできる．扱いやすい開ループ系の周波数特性から制御の質を評価できるので，解析，設計には都合がよい．

　以上のような諸量によって制御の良さを部分的に評価できるが，ここでは制御の良さを大きく3つの性能に分類することにする．すなわち，静的な精度である**定常特性**，**安定性**および**速応性**の3つである．上に述べた諸量の中で，たとえば行き過ぎ量は安定性を，立上がり時間や遅れ時間は速応性を示す尺度であるが，整定時間は安定性と速応性の両方を含めた尺度であるといえる．

　この3つの特性は，互いに相反する場合が普通である．例えば，開ループ系のゲインを大きくすると，定常偏差は小さくなり，速応性も向上するが，安定性が悪くなる．そこで，それぞれの特性の許容できる値を定め，その許容値内に入るように設計することが課題となる．もちろん，制御系の設計も他の工業製品の設計と同様に，経済性も考慮しなければならない．必要以上に制御の質を求めることは避けるべきである．その意味からも，目的を十分理解してから，

それに合った設計仕様を作成することが必要である．

次節以降に，制御系を評価する指数のうち，主に解析や設計に用いられるものについて述べていくことにする．

6.2　ゲイン余裕と位相余裕

前章で，系が安定であるか，または不安定であるかを判定するためのナイキストの安定判別法について説明した．実用に供される制御系は，少なくとも安定でなければならない．しかし，安定であればよいかといえば，それだけでは十分でない．適度な**安定度**(安定の程度)でなければならないのである．

いま，開ループ伝達関数が

$$G(s) = \frac{K}{s(0.1s+1)(0.05s+1)} \qquad (6.1)$$

である直結フィードバック系で，いろいろな K の値に対するナイキスト線図を図6.1の左に示す．a は $K=40$，b は $K=30$，c は $K=20$，d は $K=5$，e は $K=2.5$ の各場合におけるベクトル軌跡である．また，a，b，c，d，e の各場合のステップ応答を同図右に示した．明らかに，a は不安定，b は安定限界，c，d，e はともに安定であるが，c よりも d，d よりも e の方がより安定な応答を示している．すなわち，ナイキスト線図において安定と判別される系であっても，安定限界 $(-1+j0)$ に近い場合(c の場合)は安定度が不十分であり，振動的な動きがなかなか減衰しない．

それに対し，ナイキスト線図が $(-1+j0)$ の点から十分離れていれば，d，e の

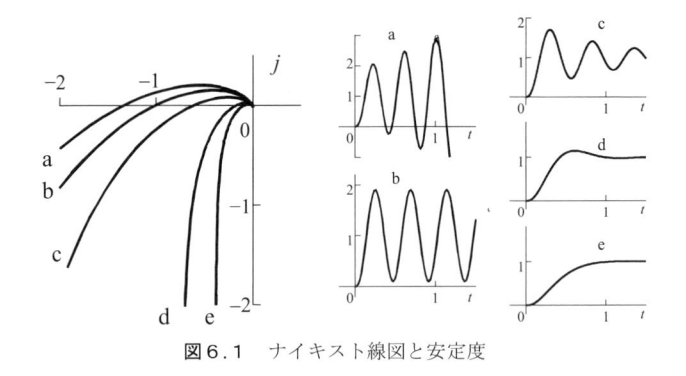

図6.1　ナイキスト線図と安定度

ように減衰のよく効いた応答を示し，安定度が十分であることがわかる．ただ，dの場合は適度の安定度であるが，eの場合は過度の安定度であって，整定時間が長くなる．このように，ナイキスト線図から安定度を判定でき，過渡応答も推定できる．系に適度の安定度をもたせるには，ナイキスト軌跡が$(-1+j0)$点から適度に離れているようにすることである．

ただ，この図のように，Kの値を変えてその都度ステップ応答曲線を作ってみることは，煩わしく労力のかかることである．そこで，ナイキスト線図あるいはボード線図だけで適度の安定度を見出すことができれば都合がよい．

安定度を評価するためには，ナイキスト軌跡が$(-1+j0)$点からどれだけ離れているかを示す尺度を作ればよい．その尺度が，これから述べるゲイン余裕と位相余裕である．

図6.2は安定な系のナイキスト線図である．図のA点は$GH(j\omega)$軌跡が負の実軸と交わった点であり，この点のことを**位相交点**(phase crossover)という．この点は位相が$-180°$になる点であり，この点における周波数ω_{ph}を**位相交点周波数**(phase crossover frequency)という．

この図で，原点と位相交点間の距離をaとする．すなわち$a=|GH(j\omega_{ph})|$であり，$1/a$を**ゲイン余裕**(gain margin)と定義する．したがって，ゲイン余裕は位相交点のゲインを何倍にしたら安定限界である1に達するかを示す量であり，安定限界までの余裕を表していることになる．普通，ゲイン余裕はdBで表す場合が多い．すなわち，ゲイン余裕g_m dBは

$$g_m = 20\log_{10}(1/a) = -20\log_{10}a = -20\log_{10}|GH(j\omega_{ph})|$$

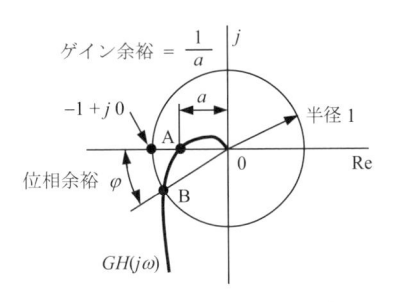

図6.2　ゲイン余裕と位相余裕

となる．安定な場合，$a<1$であるからg_mは正の値となる．

次に，図に示すように，原点を中心として半径1の円を描く．この円と$GH(j\omega)$軌跡との交点Bを**ゲイン交点**(gain crossover)という．ゲイン交点では，ゲイン$|GH(j\omega)|$が1になる点であり，この点における周波数を**ゲイン交点周波**

数（gain crossover frequency）といい，ここでは ω_g で表すことにする．

ここで，原点とB点とを結ぶ直線を引き，負の実軸からこの直線まで，反時計方向を正として測った角度を**位相余裕**（phase margin）という．すなわち，位相余裕はゲイン交点における位相 $\angle GH(j\omega_g)$ が，安定限界（-180°）までどれだけの角度の余裕があるかを示す量である．

一般に，ナイキスト線図よりもボード線図の方が扱いやすいので，解析や設計にボード線図がよく用いられる．一巡伝達関数 $GH(j\omega)$ のボード線図が図6.3のように表されたものとする．図に示すように，位相線図が-180°を示す目盛線と交わる点が位相交点であり，位相交点周波数 ω_{ph} におけるゲインの正負を逆にしたものがゲイン余裕 g_m である．したがって，安定な系の場合ゲイン余裕は正である．

また，ゲイン線図が0 dBの目盛線と交わる点がゲイン交点であり，ゲイン交点周波数 ω_g における位相を-180°から正の方向に測った角度が位相余裕である．

位相余裕もゲイン余裕も大きいほどより安定となるが，安定度が過度になると速応性を損ねることになるので，適当な値を設定しなければならない．一般に，経験に基づいた次のような基準が用いられる．

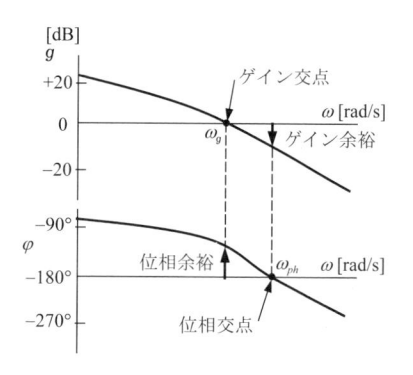

図6.3 ボード線図上のゲイン余裕と位相線図

  サーボ機構 ゲイン余裕 10～20 dB 位相余裕 40°～60°
  プロセス制御 ゲイン余裕 3～10 dB   位相余裕 20°～40°

［例題6.1］　一巡伝達関数が

$$GH(j\omega) = \frac{K}{j\omega(1+0.1j\omega)(1+0.05j\omega)} \tag{6.2}$$

である系で，ゲイン余裕を15 dBにするには K をいくらにしたらよいか．また，位相余裕を45°にするには K をいくらにしたらよいか．

[解] まず最初に，$K=10$ として図6.4に示すようにボード線図を作る．この図より，ゲイン余裕が 9.6 dB，位相余裕が 33° と読み取れる．そこで，ゲイン余裕を 15 dB にするには，ゲインを

$$15 - 9.6 = 5.4 \text{ dB}$$

だけ下に平行移動すればよい．下向きだから，−5.4 dB の移動量である．−5.4 dB に相当する数値は

$$10^{-5.4/20} = 0.54$$

となるので，

$$K = 0.54 \times 10 = 5.4$$

となる．また，ゲイン交点周波数は 4.7 rad/s となる．

また，位相余裕を 45° とするためには，位相が −135° になる周波数 (5.6 rad/s) がゲイン交点になるようにゲインを −3.5 dB（数値で 0.67）平行移動すればよい．このとき $K=6.7$ となり，ゲイン交点周波数は 5.6 rad/s である．

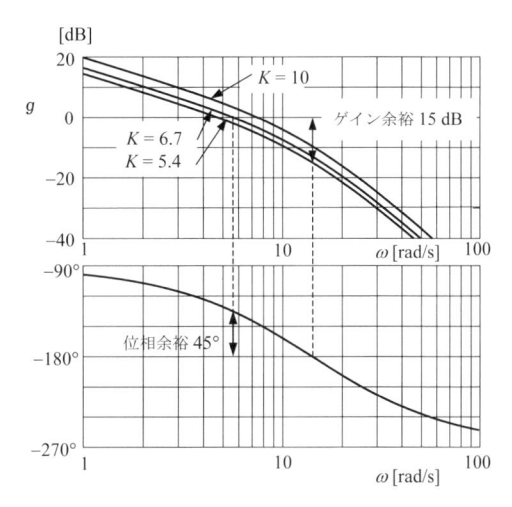

図6.4 ボード線図によるゲイン調整の例

6.3 ニコルス線図

周波数特性の表示方法として，今までベクトル軌跡やボード線図を使ってきたが，ここでもう1つの表示方法としてゲイン‐位相線図を取り上げよう．周波数伝達関数 $G(j\omega)$ のゲイン g dB を縦軸に，位相 $\angle G(j\omega)$ を横軸にとってプロットした軌跡が**ゲイン‐位相線図**（gain-phase plot）である．

前節の[**例題6.1**]で取り上げた周波数伝達関数，式（6.2）で $K=5.4$ として

$$G(j\omega) = \frac{5.4}{j\omega(1+0.1j\omega)(1+0.05j\omega)} \quad (6.3)$$

のゲイン‐位相線図を作ると，図6.5のようにかける．必要に応じて角周波数 ω は図のように適宜描き込む．また，位相交点，ゲイン交点，ゲイン余裕，位相余裕も図のように示される．ゲイン‐位相線図は，これから述べるニコルス

図中:
- 位相余裕 52°
- ゲイン余裕 15 dB
- ゲイン交点 4.7 rad/s
- 位相交点 14.2 rad/s
- $\omega = 1$ rad/s
- $G(j\omega) = \dfrac{5.4}{j\omega(1+0.1j\omega)(1+0.05j\omega)}$

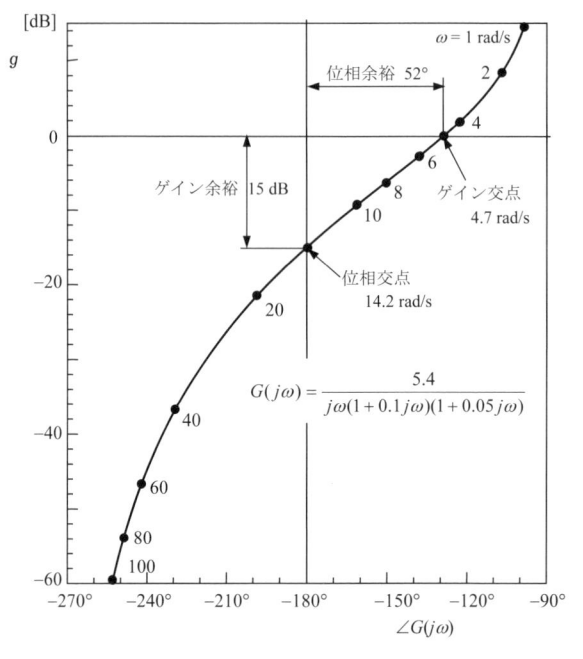

図6.5　ゲイン‐位相線図

線図に描き込むことによって，解析や設計に有用に利用される．

　系の安定度を示すゲイン余裕や位相余裕は，開ループ周波数特性より求められる．しかし，現場で実際に稼動する系はフィードバックを利かせた状態で動作するので，閉ループ系の周波数応答を用いて検討したいところである．ところが，高次系の閉ループ系のボード線図を作るのは煩わしい上，ボード線図上で特性改善をはかることは難しい．そこで，開ループ系と閉ループ系との関係を同一のグラフ上に表して，設計しやすくしたものがニコルス線図である．ニコルス線図上に，図6.5のようなゲイン‐位相線図を描き入れて利用する．ただし，ニコルス線図の利用は直結フィードバック系の場合に限られることに注意されたい．

　図6.6のような直結フィード

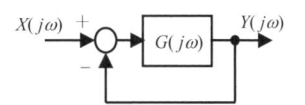

図6.6　直結フィードバック系の周波数応答

バック系の周波数応答における開ループ伝達関数 $G(j\omega)$ を

$$G(j\omega) = |G(j\omega)|e^{j\theta} = re^{j\theta} \qquad (6.4)$$

と，ゲインと位相とで表すと，閉ループ伝達関数は

$$\frac{Y}{X}(j\omega) = \frac{G(j\omega)}{1+G(j\omega)} = \frac{re^{j\theta}}{1+re^{j\theta}} = \left(\frac{e^{-j\theta}}{r}+1\right)^{-1} = \left(\frac{\cos\theta}{r} - \frac{\sin\theta}{r}j + 1\right)^{-1}$$

$$(6.5)$$

となる．ここで，閉ループ系の周波数伝達関数を次のようにゲイン $M(\omega)$ と位相 $\alpha(\omega)$ とで表す．

$$\frac{Y}{X}(j\omega) = M(\omega)e^{j\alpha(\omega)} \qquad (6.6)$$

$M(\omega)$ と $\alpha(\omega)$ は式（6.5）よりそれぞれ

$$M(\omega) = \left(1 + \frac{1}{r^2} + \frac{2\cos\theta}{r}\right)^{-\frac{1}{2}} \qquad (6.7)$$

$$\alpha(\omega) = -\tan^{-1}\frac{-\sin\theta}{\cos\theta + r} \qquad (6.8)$$

と表され，閉ループ系のゲイン $M(\omega)$ と位相 $\alpha(\omega)$ は，開ループ系のゲイン r と位相 θ の関数によって表される．そこで，縦軸と横軸に，開ループ系のゲイン $g = 20\log_{10}r$ [dB] と位相 θ をとったグラフ上で，M を一定とした点を結んで連ねると図6.7に示すような多数の楕円状または湾曲した形状の M 軌跡が描ける．同様に，α を一定とした点を連ねると，図に示すような放射状の多数の α 軌跡が描かれる．このように作成された図が**ニコルス線図**（Nichols chart）である．

ある周波数 ω_1 における開ループ系のゲイン

$$20 \cdot \log_{10}|G(j\omega_1)| \text{ [dB]}$$

と位相

$$\angle G(j\omega_1)$$

を，ニコルス線図上縦軸と横軸にとって一点にプロットすると，その点を通る M 軌跡より閉ループ系のゲイン $M(j\omega_1)$ が，α 軌跡より閉ループ系の位相

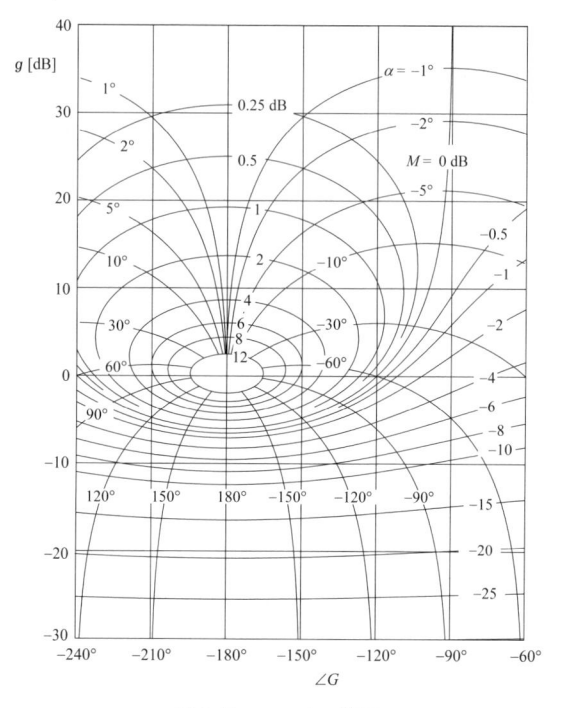

110　第6章　制御系の安定度と速応性

図6.7　ニコルス線図

$\alpha(j\omega_1)$ が読み取られる．したがって，図6.5のような開ループ系のゲイン‐位相線図をニコルス線図上に重ね合わせれば，閉ループ系の周波数応答を連続して読み取ることができる．

［例題6.2］ 一巡伝達関数が

$$G(j\omega) = \frac{K}{j\omega(1+0.1j\omega)(1+0.05j\omega)}$$

である直結フィードバック系で，閉ループ系のゲイン最大値（ピークゲイン）M_p が 1.3 になるように K を定めよ．

［解］ まず最初に，仮に $K=10$ として開ループ系の周波数応答を求め，図6.8に示すようにゲイン‐位相線図を描き入れる．曲線図上の○点に添えてある数値は角周波数 ω である．各角周波数における M の値を読むことができるが，M の最大値 M_p は，この

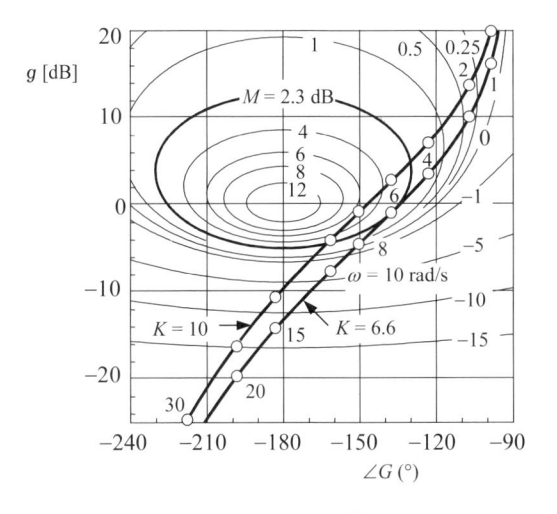

図6.8　$G(j\omega) = \dfrac{K}{j\omega(1+0.1j\omega)(1+0.05j\omega)}$ の

ニコルス線上図へのプロット

曲線が一点で接する M 軌跡の値から求められる．$K=10$ の場合，M_p は $\omega_p=8$ rad/s において 5.3 dB(1.8) と求められる．

ここでは，$M_p=1.3$ にしなければならない．$M_p=1.3$ は $20 \cdot \log_{10} 1.3 = 2.3$ dB に相当する．そこで，$K=10$ のゲイン‐位相線図を上下方向に平行移動させて $M=2.3$ dB の軌跡と接するまで移動させる．この場合では，下方へ 3.6 dB（下方であるから −3.6 dB）移動させれば図に示すように $\omega_p=6.0$ rad/s で，$M=2.3$ dB の軌跡と接するようになる．移動量の −3.6 dB は 0.66 に相当するから，

$$K = 0.66 \times 10 = 6.6$$

とすればよい．

図6.8 のニコルス線図上で読み取られる閉ループ系の周波数特性をボード線図（ゲイン線図だけ）で表すと，図6.9 のようになる．

一般に，二次以上の高次系では，ゲイン定数を大きくすればこの例のようにある周波数でゲインが最大値を示す．閉ループ系のゲインの最大値であるピークゲイン M_p は安定性を示す評価指数の1つであり，多くのサーボ系では

$$M_p = 1.0 \sim 1.5 \ (0 \text{ dB} \sim 3.5 \text{ dB}) \tag{6.9}$$

112　第6章　制御系の安定度と速応性

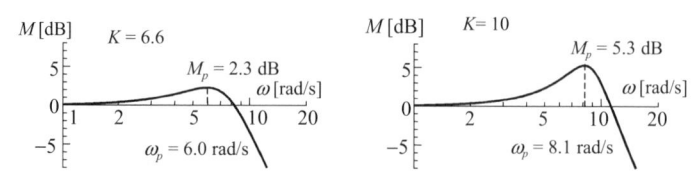

図6.9　ニコルス線図より得られた閉ループ系の周波数特性

程度を設計仕様に選ぶ．また，共振周波数 ω_p は速応性の評価指数である．

　閉ループ系の周波数応答が設計仕様としてよく採用されるのは，過渡応答と対比できるからであろう．M_p の値と過渡応答の行き過ぎ量とは相互に関係があり，M_p の増加はステップ応答の行き過ぎ量の増加となる．特に，二次系の場合には，周波数応答とステップ応答とは減衰比 ζ を介して互いに関係づけられるので，一方から他方を求めることができる（図3.3と図4.11）．

　閉ループ系の周波数応答で，設計仕様として用いられるものに帯域幅がある．**帯域幅**(band width)は，閉ループ系のゲインが直流ゲイン（低周波域でのゲイン）より 3 dB(0.707)下がる角周波数である．帯域幅は速応性の評価指数の1つであり，帯域幅が大きくなると，ステップ応答における立上がり時間が短くなって速応性が良くなる．このことは，帯域幅が大きいと，高い周波数域の信号まで通すので速応性が増すのに対し，帯域幅が小さいと高い周波数を遮断してしまうので速応性が低下することによる．

6.4　根軌跡法

　すでに前章で述べたように，閉ループ系の特性方程式のすべての根が複素平面上左半面にあればその系は安定であり，根のうち1つでも右半面にあれば不安定となる．安定な系では特性根はすべて左半面に存在するが，安定であっても根が左半面のどの位置にあるかによって，系の安定度と速応性に影響を与える．特性方程式中のある係数の値を変化させれば，根の値も変化し，複素平面上の位置が変る．これから述べる根軌跡法は，特性方程式の中のある係数の値を変化させるときの根の複素平面上における位置の変化を軌跡として描き，系の特性を検討する方法である．

　閉ループ系の伝達関数を次のように表すものとする．

$$W(s) = \frac{Y(s)}{X(s)} = \frac{b_0 s^m + b_1 s^{m-1} + \cdots + b_{m-1} s + b_m}{s^n + a_1 s^{n-1} + \cdots + a_{n-1} s + a_n} = \frac{Q(s)}{P(s)} \quad (6.10)$$

特性方程式

$$s^n + a_1 s^{n-1} + \cdots + a_{n-1} s + a_n = 0 \quad (6.11)$$

の n 個の根は実根 $-r_i$ または，共役の複素根 $-\sigma_j \pm j\omega_j$ の形で得られ，安定であれば $r_i > 0$，$\sigma_j > 0$ である．

このように表される一般の系のステップ応答は次のように求められる．

$$Y(s) = \frac{Q(s)}{s(s+r_1)\cdots(s+r_i)\cdots(s+\sigma_1-j\omega_1)(s+\sigma_1+j\omega_1)\cdots(s+\sigma_j-j\omega_j)(s+\sigma_j+j\omega_j)\cdots}$$

$$= \frac{A_0}{s} + \frac{A_1}{s+r_1} + \cdots + \frac{A_i}{s+r_i} + \cdots + \frac{B_1}{s+\sigma_1-j\omega_1} + \frac{\overline{B_1}}{s+\sigma_1+j\omega_1} + \cdots + \frac{B_j}{s+\sigma_j-j\omega_j}$$

$$+ \frac{\overline{B_j}}{s+\sigma_j+j\omega_j} + \cdots \quad (6.12)$$

これを逆変換して，次式のステップ応答が得られる．

$$y(t) = A_0 + A_1 e^{-r_1 t} + \cdots + A_i e^{-r_i t} + \cdots + C_1 e^{-\sigma_1 t}\sin(\omega_1 t + \varphi_1) + \cdots$$

$$+ C_j e^{-\sigma_j t}\sin(\omega_j t + \varphi_j) + \cdots \quad (6.13)$$

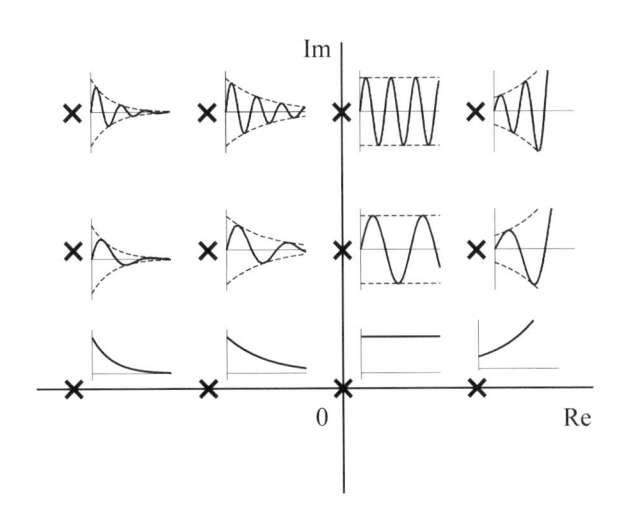

図6.10 複素平面上の特性根の位置と応答波形成分

この式の各項に，特性方程式の根がどのように影響を与えているか観察しよう．まず，実根 $-r_i$ は項 $A_i e^{-r_i t}$ に現れ，$r_i > 0$ ならば時間の経過によってこの項は減衰し，r_i が大きいほど速く減衰する．また，共役の複素根 $-\sigma_j \pm j\omega_j$ は，減衰振動成分 $C_j e^{-\sigma_j t} \sin(\omega_j t + \varphi_j)$ 項に現れ，σ_j は減衰の程度を，ω_j は振動の角周波数となっている．このことをまとめ，特性根が複素平面上に占める位置と，相当する応答波形成分との関係を図6.10のように示す．

安定な系ではすべての根は左半面にあるが，その中でも虚軸に近い根によるものほど安定度が悪く，全体に及ぼす影響が大となる．そこで，虚軸に最も近い根のことを**代表根**(dominant root)といって系全体の応答を評価する指標とする．特に，代表根でない根が代表根からかなり離れて左側に位置すれば，代表根だけの二次系で近似することも可能である．

また，代表根と原点を結んだ直線と，負の実軸とのなす角 γ は**代表根配置角**といい，減衰比 ζ と次の関係がある(図3.5参照)．

$$\zeta = \cos\gamma$$

根軌跡法の詳しい説明に入る前に，簡単な二次系の根軌跡を求めてみよう．

[例1] 図6.11に示す系で，K の値を 0 から $+\infty$ に変化させたとき，複素平面上における特性根の軌跡(根軌跡)を求めてみよう．

この系の閉ループ伝達関数は

$$\frac{Y(s)}{X(s)} = \frac{K}{s^2 + as + K}$$

であり，特性方程式は

$$s^2 + as + K = 0$$

である．したがって特性根は

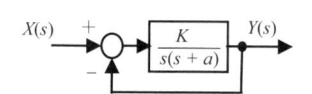

図6.11 二次遅れ系の例

$$s_1, s_2 = -\frac{a}{2} \pm \sqrt{\frac{a^2}{4} - K}$$

となる．a を一定とし，K の値を 0 から $+\infty$ まで変化させるとき，複素平面上を動く s_1 と s_2 の軌跡を次のような部分に分けて考える．

① $K=0$ のとき

$s_1 = 0$，$s_2 = -a$ となるので，図6.12の

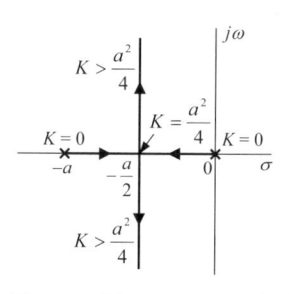

図6.12 図6.11の系の根軌跡

×印の2点にプロットされる．

② $0 < K < a^2/4$ の範囲

K を 0 から徐々に増大していくと，図に示されるように，根 s_1 は 0 の点から左側に，s_2 は $-a$ から右側に，負の実軸上を矢印のように進む．

③ $K = a^2/4$ のとき

$K = a^2/4$ に達すると，s_1 と s_2 の軌跡は $-a/2$ の点で出会い重根となる．

④ $a^2/4 < K < +\infty$ の範囲

K が $a^2/4$ を超えると根は複素根に変り

$$s_1, s_2 = -\frac{a}{2} \pm \sqrt{K - \frac{a^2}{4}}\, j$$

となり，図に示すように実軸上 $-a/2$ の点から上下に伸びる2直線となる．

この根軌跡より，$K < a^2/4$ においては2つの根は実根であり，振動的な動きはしない．このとき，K が増大すると右の根 s_1 が左に移動するので安定度がよくなる．$a^2/4 < K$ で複素根になるので振動的な動きに変り，K の増大に伴って振動の周波数が大きくなることを示している．

この例で示したように，特性方程式のある定数（パラメータ）を変化させたときの根の値の変化を複素平面上にプロットし，変化の模様を軌跡として表せば，パラメータの変化によって応答がどのように変るかを読みとることができる．このように，特性方程式のある定数を変化させたとき，根が複素平面上に描く軌跡を**根軌跡**（root locus，複数形 root loci）という．**根軌跡法**（root locus method）は 1948 年 W.R.Evans によって提唱され，それ以後制御系の解析や設計に有用な手法として用いられてきた．

さて，図 6.13 のように表される一般的なフィードバック系の，一巡伝達関数が次式で表されるものとする．

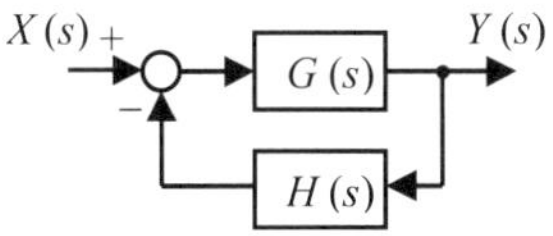

図 6.13 フィードバック系

$$G(s)H(s) = \frac{K(s - z_1)(s - z_2)\cdots(s - z_m)}{(s - p_1)(s - p_2)\cdots(s - p_n)} \quad (6.14)$$

閉ループ伝達関数は

$$W(s) = \frac{G(s)}{1 + G(s)H(s)} \quad (6.15)$$

であり，特性方程式は次式で表される．

$$1+G(s)H(s)=0 \tag{6.16}$$

この式を次のように書き換えることにする．

$$G(s)H(s)=-1 \tag{6.17}$$

式（6.14）を代入すると

$$\frac{(s-z_1)(s-z_2)\cdots(s-z_m)}{(s-p_1)(s-p_2)\cdots(s-p_n)}=-\frac{1}{K} \tag{6.18}$$

と表すことができる．式（6.18）を満足させる s の値が特性方程式の根である．いま，この式をゲインを表す式と位相を表す式に分けて書いてみる．

$$\frac{|s-z_1|\cdot|s-z_2|\cdots|s-z_m|}{|s-p_1|\cdot|s-p_2|\cdots|s-p_n|}=\frac{1}{K} \quad 0<K<\infty \tag{6.19}$$

$$\sum_{i=1}^{m}\angle(s-z_i)-\sum_{j=1}^{n}\angle(s-p_j)=\pm(2k+1)\cdot\pi \quad k=0,1,2,\cdots \tag{6.20}$$

特性根は，この2式を同時に満足させなければならない．式（6.19）だけならば，複素平面上どの位置にある s に対しても，K を適当に定めれば満足させることができ，図形を形成する上で何の制約にもならない．一方，式（6.20）には K が含まれていないが，軌跡上の点 s でのみ成立する．そこで，根軌跡をかくには，式（6.20）を満足する s の位置を捜し求め，つぎつぎプロットしていけばよい．また，軌跡が描かれた後，軌跡上の1点 s における K の値は，式（6.19）によって得られる．

［例2］　一巡伝達関数が

$$G(s)H(s)=\frac{K(s-z)}{(s-p_1)(s-p_2)}$$

と表され，極 p_1，p_2 および零点 z が図6.14のように○点と×点にプロットされる場合について説明する．まず，任意の点 s に対してベクトル

$$s-p_1, \quad s-p_2, \quad s-z$$

が図のように描ける．各ベクトルが実軸とのなす角度を

$$\alpha_1=\angle s-p_1, \quad \alpha_2=\angle s-p_2, \quad \beta=\angle s-z$$

とおくと，式（6.20）によって

$$\beta-\alpha_1-\alpha_2=-180°$$

を満足するような点 s をつぎつぎに求めて軌跡を作ることができる．また，軌跡上の一点 s_1 に対して各ベクトルの長さ $|s_1-p_1|$, $|s_1-p_2|$, $|s_1-z|$ を求め，これらを式(6.19)に代入した式

$$K = \frac{|s_1-p_1|\cdot|s_1-p_2|}{|s_1-z|}$$

より K の値を求めることができる．

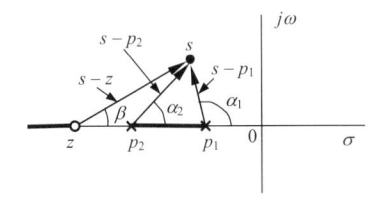

図6.14　各ベクトルの偏角

根軌跡の性質

式(6.19)と式(6.20)は，前述の説明で明らかなように根軌跡の基本となる式である．この2つの式から次に述べる有用な9性質が導かれる．

性質1　根軌跡は実軸に対して対称である．

特性方程式の根は，実根または共役複素根であることから明らかである．

性質2　実軸上のある部分の右側に，$G(s)H(s)$ の実軸上の極と零点を合わせた数が奇数個であれば，この部分は根軌跡上にある．また，偶数個であれば，この部分は根軌跡上にない．

図6.14の例では，極 p_1, p_2 および零点 z は実軸上にあり，図の太線で表した部分は根軌跡の部分である．

性質2が成立する理由は，次のように説明できる．いま，各極および零点から実軸上の一点に向かうすべてのベクトルの偏角について，式(6.20)を適用する．極または零点が実軸上その点の右にあれば，該当するベクトルの偏角は $\pm 180°$ であり，左にあるベクトルの偏角は $0°$ である．また，極または零点が実軸上にない場合(複素数である場合)，一対のベクトルは実軸に対して対称となり，偏角の和は相殺されて $0°$ となる．したがって，実軸上，右に奇数個の極と零点があれば式(6.20)を満足し，偶数個の場合は満足しない．

性質3　根軌跡の数は，$G(s)H(s)$ の極の数と等しい．

式(6.14)を式(6.16)へ代入してみれば明らかであるように，特性方程式の次数は $G(s)H(s)$ の極の数に等しい．n 次方程式では，重根となる場合を除けば n 個の互いに異なる根がある．n 個の根は K の連続的な変化によって，それぞれが連続した軌跡を描くので，n 本の軌跡が描かれる．ただし，複数の根軌

跡が交わる場合があるが，この場合の交点は重根を表している．図6.12の例では，2本の根軌跡は$K=a^2/4$で重根$-a/2$となることを示している．

性質4 n本の根軌跡は$H(s)G(s)$の極から出発し，そのうちのm本は$G(s)H(s)$の零点で終る．残りの$n-m$本は無限遠点で終る．

$K\to 0$とする場合，n本のベクトルの絶対値$|s-p_j|$のうちいずれか1つが限りなく0に近づく場合に式(6.18)の両辺が共に$-\infty$になり，等式を満足させえる．したがって，$K=0$における根(根軌跡の出発点)は$G(s)H(s)$の極p_jとなる．

次に，$K\to\infty$の場合，m個のベクトルの絶対値$|s-z_i|$のいずれか1つが限りなく0に近づくと式(6.18)が満足される．したがって，$K\to\infty$における根(根軌跡の終点)はm個の零点z_iである．

また，$K\to\infty$にするとき，$|s|\to\infty$となれば，式(6.18)のp_jとz_iは無視でき次式で表される．

$$\frac{1}{s^{n-m}} = -\frac{1}{K} = -\frac{1}{\infty}$$

この式を満足し，絶対値が無限大であるsが，$n-m$個存在する(次の性質5.参照)．すなわち，根軌跡のうち$n-m$本は無限遠点で終ることになる．

性質5 $n-m$本の無限遠点に向かう根軌跡は，それぞれの漸近線に限りなく近づいていく．漸近線と実軸との角度は

$$\phi = \pm\frac{(2k+1)\pi}{n-m} \qquad k=0, 1, 2, \cdots, n-m-1 \qquad (6.21)$$

である．式(6.20)で，sが無限遠点にあるとするとz_iとp_jは省略でき

$$\sum_{i=1}^{m}\angle s - \sum_{j=1}^{n}\angle s = -(n-m)\angle s = \pm(2k+1)\pi$$

となり，無限遠のsの偏角$\angle s$は式(6.21)となる．

性質6 漸近線の実軸と交わる点の座標σ_cは

$$\sigma_c = \frac{\sum 極 - \sum 零点}{n-m} = \frac{\sum_{i=1}^{n}p_i - \sum_{j=1}^{m}z_j}{n-m} \qquad (6.22)$$

である．この座標位置は，極の重量を1，零点の重量を-1としたときの重心の位置に相当する．この式で，極または零点が複素数である場合には共役であるので虚部は相殺される．したがって，実部だけを計算すればよい．

証明は次のとおりである．図6.15において，ある極を p_i，ある零点を z_j，漸近線と実軸との交点の座標を σ_c とする．p_i と z_j から漸近線上のある点 s に向かうベクトル $s-p_i$，$s-z_j$ が図のように描ける．ここで s を十分遠方に移動させると，s は根軌跡上にあるとみなせるので，式(6.18)が成り立つ．すなわち

$$-K = \frac{(s-p_1)(s-p_2)\cdots(s-p_n)}{(s-z_1)(s-z_2)\cdots(s-z_m)} = \frac{s^n-(p_1+p_2+\cdots+p_n)s^{n-1}+\cdots}{s^m-(z_1+z_2+\cdots+z_m)s^{m-1}+\cdots}$$

この除算を行うと

$$-K = s^{n-m} - \{(p_1+p_2+\cdots+p_n)-(z_1+z_2+\cdots+z_m)\}s^{n-m-1}+\cdots$$

となる．一方，s が漸近線上無限遠に位置する場合では，ベクトル $s-p_i$，$s-z_j$ 共に $s-\sigma_c$ と等しいとみなせるので，上式は

$$-K = \frac{(s-\sigma_c)^n}{(s-\sigma_c)^m} = (s-\sigma_c)^{n-m}$$
$$= s^{n-m} - \sigma_c(n-m)s^{n-m-1}+\cdots$$

となり，この2つの式の第2項を等しいとおけば，式(6.22)が得られる．

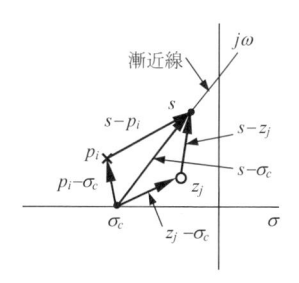

図6.15 漸近線と実軸との交点

[例3] 一巡伝達関数が次式で表される系の根軌跡を求めてみよう．

$$G(s)H(s) = \frac{K(s+2)}{s(s+1)(s+3)}$$

この式より，極は $p_1=0$，$p_2=-1$，$p_3=-3$ の3個だから $n=3$，零点は $z=-2$ だけだから $m=1$ である．まず，極と零点を図6.16のように×と○でプロットする．性質2により，実軸上右側に極と零点の数の合計が奇数になる部分に根軌跡があり，図の太線のように実軸上に根軌跡がかかれる．性質3により，根軌跡の数は3本である．性質4により，3本の根軌跡は極 $0, -1, -3$ から始まり，そのうち -3 から出発した1本の根軌跡は K の増加に伴って右に向かい，零点 -2 で終る．0 と -1 から出発した他の2本は互いに向き合って近づき合い，-0.534 の点で両者は一致する(次の性質7で説明する)．K をさらに増加すると，この点で実軸から離れ上下2方向に向かう2軌跡となって，共に漸近

線の方向に向かう(性質5).K を無限に大きくすると,漸近線上の無限遠点で終る.漸近線の実軸との角度 ϕ は

$$\phi = \pm \frac{2k+1}{n-m} \cdot \pi = \frac{\pi}{2}, -\frac{\pi}{2}$$

であり,性質6により漸近線と実軸の交点の座標 σ_c は

$$\sigma_c = \frac{p_1 + p_2 + p_3 - z}{n-m} = \frac{0-1-3-(-2)}{3-1} = -1$$

したがって,図6.15 に示されるように,漸近線は -1 の点を通り,実軸と $\pm 90°$ の方向に向かう2本の直線である.

さて,この系の代表根の位置が負の実軸と $\pm 45°$ の方向になるように K の値を選ぶことにする.図6.16 で示されているように,代表根は $-0.576 \pm 0.576j$ であり,このとき $K = 0.945$ である.前項3.3で述べたように,減衰比 $\zeta = \cos 45° = 0.707$ であり,行き過ぎ量は 5% と予想できる(図3.8参照).次に,この代表根より 2% 整定時間を求めてみよう.二次系の整定時間は式(3.18)に示したが,この式で $\delta = 0.02$ とし,$\sqrt{1-\zeta^2}$ を無視した近似式

$$t_s = \frac{4}{\zeta \omega_n} \qquad (6.23)$$

を用いることにする.$\zeta \omega_n = 0.576$ であるから,$t_s = 6.9$ s と推定できる.

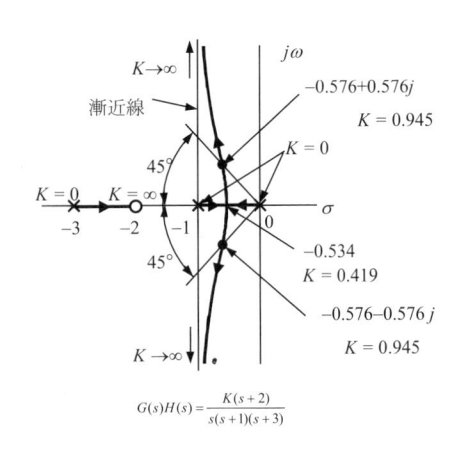

図6.16 根軌跡の例

性質7 根軌跡が実軸から分岐する点の座標は次のように求められる.
式(6.18)を

$$-K = \frac{(s-p_1)(s-p_2)\cdots(s-p_n)}{(s-z_1)(s-z_2)\cdots(s-z_m)} \qquad (6.24)$$

と表して

$$-\frac{dK}{ds} = 0 \qquad (6.25)$$

の根を求め，得られた根のうち，実軸上の根軌跡上にある根の位置が分岐点である．また，分岐する方向は，2重根の場合，実軸に対して±90°である．

前の[例3]の場合で説明しよう．特性方程式は

$$1 + G(s)H(s) = 1 + \frac{K(s+2)}{s(s+1)(s+3)} = 0$$

である．この式は次のように書き直される．

$$-K = \frac{s(s+1)(s+3)}{s+2}$$

図6．16において，実軸上の極0と-1から発した2つの根軌跡は，Kの増加に伴って互いに近づいて結合した点で実軸から離れる．この点は実軸上0と-1の間でKが最大になる点である．したがって，この点の座標は

$$-\frac{dK}{ds} = \frac{2s^3 + 10s^2 + 16s + 6}{(s+2)^2} = 0$$

を解くことによって得られる．その結果 $s_1 = -0.534$，$s_2, s_3 = -2.23 \pm 0.793j$ の3つの解が得られるが，0と-1の間にあるものは-0.534だけであるので，この点が分岐点である．

[例4] 一巡伝達関数が

$$G(s)H(s) = \frac{K}{s(s+2)(s+3)}$$

である場合の根軌跡をスケッチしてみよう．

最初に根軌跡の出発点である極0，-2，-3を図6．17のようにプロットする．実軸上の根軌跡は，0から-2および-3から-∞までの部分である．

次に，漸近線と実軸の交点σと両者の角度ϕを求める．

$$\sigma = \frac{0 - 2 - 3}{3} = -1.67$$

$$\phi = \frac{(2k-1)\pi}{3} = -\frac{\pi}{3}, \frac{\pi}{3}, \pi$$

これより，図6．17に示すように，漸近線は-1.67の点から±60°，180°の各方向に向かう直線である．

実軸からの分離点は

$$-K = s(s+2)(s+3)$$

$$-\frac{dK}{ds} = 3s^2 + 10s + 6 = 0$$

を解いて，$s_1 = -0.785$，$s_2 = -2.55$ が得られるが，-0.785 だけが軌跡上にあるので，-0.785 が分離点である．

性質8 根軌跡が虚軸と交わる点は，安定限界を示す点である．この点を求めるには，$s = j\omega$ を特性方程式に代入し，実部と虚部を個別に解いて ω と K を求める．

前の[例4]の場合，特性方程式は

$$s^3 + 5s^2 + 6s + K = 0$$

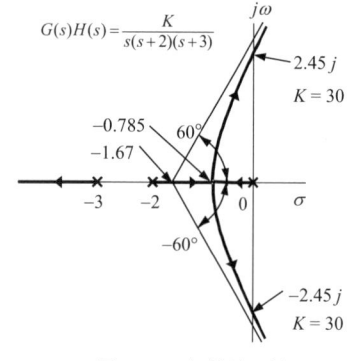

図6.17 根軌跡の例

であった．虚軸上の点は $s = j\omega$ とおけるから，これを上の式に代入すると

$$-j\omega^3 - 5\omega^2 + 6j\omega + K = \omega(-\omega^2 + 6)j - 5\omega^2 + K = 0$$

となる．この式の虚部を 0 とおいて

$$-\omega^2 + 6 = 0 \quad \text{より} \quad \omega = \pm\sqrt{6} = \pm 2.45$$

が得られ，実部を 0 とおいて

$$K = 5\omega^2 = 5 \times 6 = 30$$

が得られる．すなわち，$K = 30$ で安定限界となり，このときの特性根は

$$s = \pm 2.45j$$

である(図6.17参照)．

性質9 極 p_k から根軌跡が出て行く方向を示す角度 θ_{dep} は次式で表される．

$$\theta_{dep} = \pi + \sum_{i=1}^{m} \angle(p_k - z_i) - \sum_{i=1}^{n}{}_* \angle(p_k - p_i) \quad (6.26)$$

ただし，$\sum_*$ は $i = k$ の項を除いて加算することを表す記号とする．

零点 z_k に入り込む根軌跡の方向を示す角度 θ_{arr} は次式で表される．

$$\theta_{arr} = -\pi + \sum_{i=1}^{n} \angle(z_k - p_i) - \sum_{i=1}^{m}{}_* \angle(z_k - z_i) \quad (6.27)$$

このことを次の例で説明する．

[例5] 一巡伝達関数が次式で表される場合の根軌跡を求めてみよう．

$$G(s)H(s) = \frac{K(s+2)}{s(s+4)(s^2+6s+10)} = \frac{K(s+2)}{s(s+4)(s+3-j)(s+3+j)}$$

この式より，極は 4 個，零点は 1 個であり，それぞれ図 6.18 左のようにプロットされる．根軌跡の数は 4 本であり，そのうちの 2 本は実軸上 0 から -2 までと -4 から $-\infty$ までのものである．残りの 2 本は複素極 $-3+j$ と $-3-j$ から出発するものである．この複素極から出発する根軌跡の方向を，図 6.18 の右の図で調べてみる．図のように，極 $p_3 = -3+j$ の近傍に根軌跡上の点 s_1 をとり，すべての極と零点から s_1 に向かうベクトルを描く．s_1 は根軌跡上にあるから式（6.20）が成立する．すなわち

$$\angle(s_1-z) - \angle(s_1-p_1) - \angle(s_1-p_2) - \angle(s_1-p_3) - \angle(s_1-p_4) = (2k+1) \times 180°$$

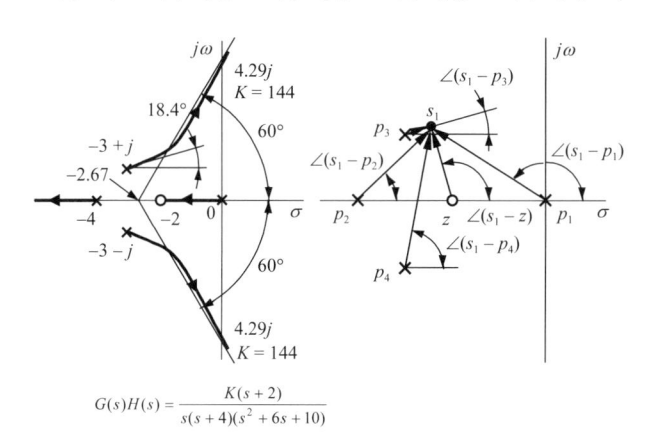

図 6.18 根軌跡の例

いま，s_1 を p_3 に近づけていくと，$\angle(s_1-p_3)$ は根軌跡の出発する角度 θ_{dep} に近づき，p_3 以外の極または零点から s_1 へのベクトルは，p_3 へのベクトルに近づくから次のように表される．

$$\angle(p_3-z) - \angle(p_3-p_1) - \angle(p_3-p_2) - \theta_{dep} - \angle(p_3-p_4) = (2k+1) \times 180°$$

数値を代入すると

$$\tan^{-1}\left(\frac{1}{-1}\right) - \tan^{-1}\left(\frac{1}{-3}\right) - \tan^{-1}\left(\frac{1}{1}\right) - \theta_{dep} - 90° = (2k+1) \times 180°$$

これより

$$\theta_{dep} = 180° + 135° - 161.57° - 45° - 90° = 18.4°$$

となる．

なお，漸近線の実軸との角度および実軸との交点は，式（6.21），（6.22）よりそれぞれ±60°および-2.67となる．

複数のパラメータ変化に対する根軌跡

ここまでは，1つのパラメータ K が0から∞まで変化する場合の根軌跡を扱ってきた．しかし，制御系の設計に当たり，複数のパラメータの値を決定しなければならない場面がしばしば生じる．ここでは，2つのパラメータ K_1 と K_2 を変化させたときの根軌跡について，次の例で説明することにする．

[例6] 次式のように，特性方程式が2つのパラメータ K_1 と K_2 を含む多項式で表されるものとする．

$$s^3 + 2s^2 + K_2 s + K_1 = 0$$

最初に，$K_2 = 0$ とおくと上式は

$$s^3 + 2s^2 + K_1 = 0$$

となり，これを次のように書き換える．

$$1 + \frac{K_1}{s^2(s+2)} = 0$$

この式の形より，図6.19左のように2重極 p_1，$p_2 = 0$ と $p_3 = -2$ から出発する3本の根軌跡が描ける．

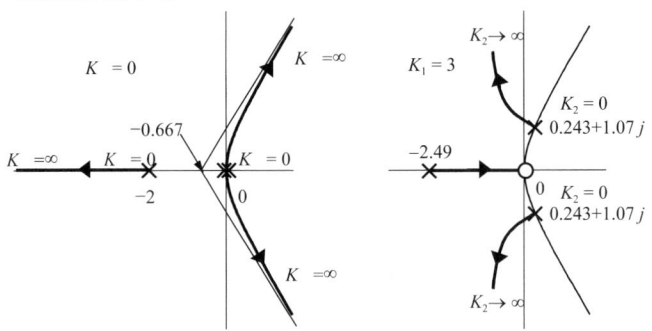

図6.19 2つのパラメータが変化する根軌跡

次に，今度は特定の K_1 の値を選び，K_1 を固定して K_2 を変化させた軌跡を作る．まず最初の式を次のように表す．

$$1 + \frac{K_2 s}{s^3 + 2s^2 + K_1} = 0$$

ここで，たとえば $K_1 = 3$ を選ぶと

$$1 + \frac{K_2 s}{s^3 + 2s^2 + 3} = 1 + \frac{K_2 s}{(s+2.49)(s-0.243-1.07j)(s-0.243+1.07j)} = 0$$

となり，K_2 を 0 から ∞ まで変化させるときの根軌跡として，図 6．19 右に示すように，極 −2.49 から出発し零点 0 で終る軌跡と，前に描いた根軌跡上の 2 点 $0.243+1.07j$，$0.243-1.07j$ から出発し ∞ で終る 2 本の軌跡が描ける．

この図より，$K_2 = 0$ として K_1 を 0 から ∞ まで変化させた場合，左の図が示すように不安定な系となるが，K_1 をある値に固定し，K_2 を 0 から増加していくと安定領域に達することができ，さらに試行錯誤を重ねて満足な特性をもたせることができる．

演 習 問 題

1．直結フィードバック系の一巡伝達関数が，次のように表される系の位相余裕とゲイン余裕を求めよ．

（a） $G(s) = \dfrac{100}{s(0.1s+1)}$

（b） $G(s) = \dfrac{5}{s(0.5s+1)(0.1s+1)}$

2．直結フィードバック系の一巡伝達関数が次のように表される場合，ゲイン余裕が 20 dB になるように K の値を定めよ．また，位相余裕が 45° になるように K の値を定めよ．

（a） $G(s) = \dfrac{K}{s(0.1s+1)(0.4s+1)}$

（b） $G(s) = \dfrac{K(s+1)}{s(0.1s+1)(0.4s+1)}$

3．直結フィードバック系の一巡伝達関数

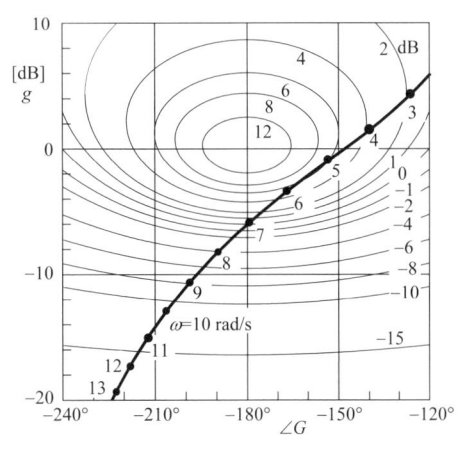

図 6．20

$$G(s) = \frac{K}{s(s^2 + 10s + 50)}$$

で，$K=250$ としてニコルス線図上にプロットしたものを図6.20に示す．この図を読み取って，次の問いに答えよ．

 (a) 位相余裕とゲイン余裕はそれぞれいくらか．
 (b) 共振値 M_p と共振周波数 ω_p はそれぞれいくらか．
 (c) 帯域幅 ω_b はいくらか．
 (d) ゲイン余裕を12 dB にするには K をいくらにしたらよいか．
 (e) 位相余裕を 45°にするには K をいくらにしたらよいか．
 (f) 共振値 $M_p = 2$ dB (1.26)にするには K をいくらにしたらよいか．そのとき，共振周波数 ω_p はいくらになるか．また，帯域幅 ω_b はいくらになるか．

4．次のように表される特性方程式の根軌跡について，求められる点の座標や角度を求め，略図を描け．
 (a) $s^3 + 2s^2 + (K+2)s + 3K = 0$
 (b) $s^3 + 5s^2 + (K+1)s + K = 0$

5．一巡伝達関数が，次のように表される特性方程式の根軌跡の略図を描け．

 (a) $G(s)H(s) = \dfrac{K}{s(s+5)(s+10)}$　　(b) $G(s)H(s) = \dfrac{K(s+1)}{s^2(s+5)}$

 (c) $G(s)H(s) = \dfrac{K}{s(s^2+4s+5)}$　　(d) $G(s)H(s) = \dfrac{K(s+1)}{s(s^2+4s+5)}$

6．図6.21に示される系で，$K=3$ に固定し，K_t を 0 から+方向に変化させたときの根軌跡を描け．

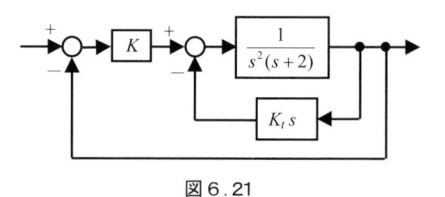

図6.21

第7章 サーボ系の構成

7.1 電気サーボ系の構成

サーボ系として，現在最も多く用いられている電気サーボ系について述べておくことにする．電気サーボ系は油圧サーボ系と比較して，単位容積当たりのパワーは劣るものの，組み付けや扱いが容易であり，清潔であるなどの利点がある．油圧のような煩わしい配管を要しない上，油漏れの心配もない．したがって，特別に高パワーを要する場合を除き，多くのロボットやNC工作機械などに採用されている．

電気サーボ系のアクチュエータであるモータは，直流サーボモータと交流(インダクション)サーボモータに分類されるが，ここでは現在制御の主流となっている直流サーボモータについて述べることにする．

(1) 直流(DC)サーボモータ

DCサーボモータの原理は，定速直流モータと同様であって，磁界中のロータコイルに直流電流を流すことにより，フレミング左手の法則によって生じるトルクを連続的に発生させてロータ(回転子)を回転させるものである．定速モータと原理的にはまったく同じであるが，サーボモータの場合，正転，逆転，停止，変速を頻繁に行うため，回転子の慣性モーメントを極力小さくするなど，制御性を良くするように設計されている．

DCサーボモータの界磁には，永久磁石を用いるものと電磁石を用いるものとがあるが，大出力のものを除いて，永久磁石を用いるものが主流である．ここでは，永久磁石を用いた直流サーボモータのうち，主な種類について述べる．

(a) スロット形DCサーボモータ

図7.1に，スロット形DCサーボモータの軸直角断面を示す．固定子の永久磁石には，フェライト系，アルニコ系または希土類磁石などが用いられている．

電機子鉄心は，周囲にスロット(溝)を多数設けた円板状の形に打ち抜いた硅素鋼鈑を多数重ね合わせたものから成り，これを軸に圧入，固定させる．鉄心のスロットにコイルとなる銅線を挿入して巻き，コイル導線の両端を整流子の切片に接合させてある．ロータの慣性モーメントをできるだけ小さくするため，直径を小さく押さえ，その分軸方向の寸法を長くするように設計してある．

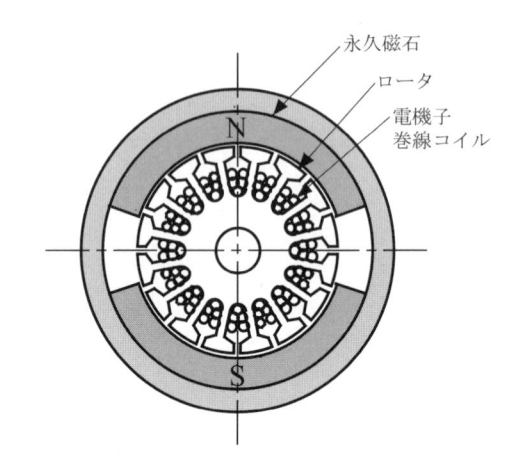

図7.1　スロット形DCサーボモータ

このモータは，単位重量当たりのパワーレート(後述，本節(3))が大きく，制御性に優れている一方,電機子コイルのインダクタンスが大きい欠点もある．

(b)　スロットレス形DCサーボモータ

図7.2にスロットレス形DCサーボモータの構造を示す．鉄心のスロットをなくし，円筒状鉄心の表面に，コイルを均一に密着させて巻き，テープと樹脂で固定させたものである．ロータは，スロット形よりさらに細長く作られてある．

スロットがないので，コギングトルク(cogging torque　小刻みな周期で変動するトルク)が発生せず，コイルのインダクタンスも小さくできる．

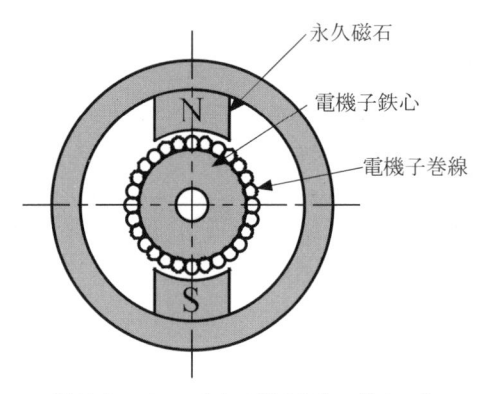

図7.2　スロットレス形DCサーボモータ

（c） コアレス DC サーボモータ（カップ形）

図7.3にコアレス DC サーボモータの構造を示す．図に示されるように，ロータから鉄心を取り去り，コイルと整流子だけからなるカップ状の構造にし，極力慣性モーメントを小さくしている．強力な永久磁石によって，磁石と固定鉄心の間を通る磁束密度を高めている．電機子巻線も密度を高めるために角線を使ったり，慣性を小さくするためにアルミ線を使ったりすることも行われる．

この種のモータは，低慣性，低インピーダンスをねらったもので，最も制御性に優れたものの1つである．

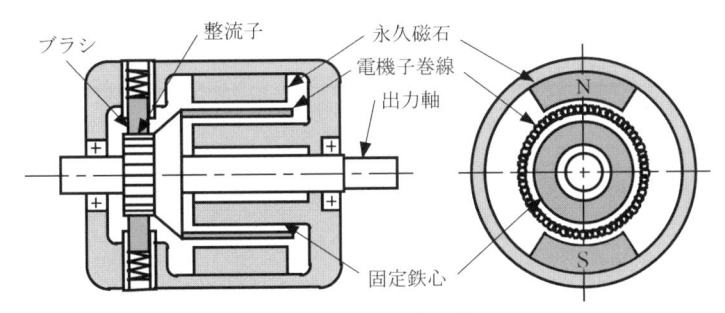

図7.3 コアレス DC サーボモータ

（d） ブラシレス DC サーボモータ

前述の DC サーボモータは，いずれも整流子とブラシを備え，常にロータに有効なトルクが発生するような位置にあるコイルに電流を流す．しかし，整流子とブラシ間には機械的摩擦力が働くこと，両者間に火花が発生するため摩耗が著しく，保守整備の煩わしさが避けられないことなどの欠点がある．この欠点を取り除くために，整流子とブラシを取り去った**ブラシレス DC サーボモータ**(brushless DC motor)が開発された．

ブラシレス DC サーボモータの構造は，図7.4の断面図に示すように，普通の DC サーボモータとは逆に，ロータに永久磁石が固定されている．一方，ステータ側にはスロットのついた鉄心を配し，スロットに巻線コイルが挿入されている．ロータ側の永久磁石によって磁界ができ，その磁界中に位置するステータ側コイルの導線に電流を流すと，フレミング左手の法則によってコイル導線に力が働くが，その反作用として永久磁石に逆方向の力が働き，ロータが回

第 7 章　サーボ系の構成

転する．
　ロータに有効なトルクを連続的に供給するためには，ロータの位置を常に検出し，ロータ位置に対して有効なコイルだけに適当な方向に電流を流す必要がある．そのため，ロータ位置を常にセンサで検出し，トランジスタスイッチング回路で必要なコイルに電流を流す仕組みになっている．センサとして，ホール素子，エンコーダ，レゾルバなどが用いられる．このモータは，回転磁界と同期させてロータを回転させるという意味では，交流同期モータ（AC synchronous motor）と同じ原理に基づくので，**AC サーボモータ**とも呼ばれるが，電源は直流である．

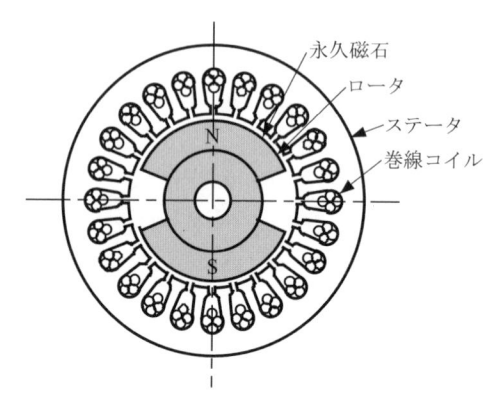

図 7.4　ブラシレス DC サーボモータ

　このモータの特徴は，整流子とブラシがないので保守点検を要しないこと，火花発生がないことから耐環境性に優れていること，摩擦力が小さいこと，小型軽量で，高速，高トルクが望めることなどである．

（2）　DC サーボモータの伝達関数

　DC サーボモータの伝達関数について，すでに 2.5 [例 1] と 2.5 [例題 2.3] で取り上げた．ここで，もう一度整理しておこう．
　次のように諸量の記号を定める．

$e_a(t)$；入力電圧　　　　　　　　$i_a(t)$；電機子電流
R；電機子コイルの抵抗　　　　L；電機子コイルのインダクタンス
$e_{mf}(t)$；逆起電力　　　　　　　K_b；誘起電圧定数
$\tau_m(t)$；モータトルク　　　　　K_t；トルク定数
$\omega_m(t)$；ロータ角速度　　　　　$\theta_m(t)$；ロータ角変位
J_m；ロータの慣性モーメント　B_m；ロータの粘性減衰係数
$\tau_l(t)$；負荷のトルク

7.1 電気サーボ系の構成

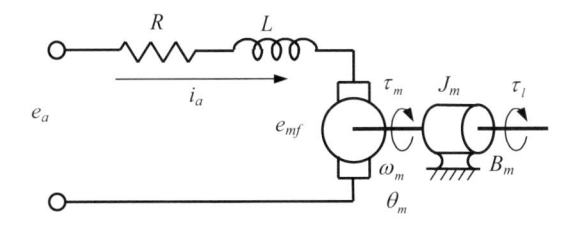

図7.5 DC サーボモータのモデル図

一般に，DC サーボモータは図7.5のように記号的に描き表すことができる．図7.5において，入力端子に加わる電圧 $e_a(t)$ はその回路構成より

$$e_a(t) = R\, i_a(t) + L\frac{d\,i_a(t)}{d\,t} + e_{mf}(t) \tag{7.1}$$

と表される．また，永久磁石の磁束は一定であるので，モータのトルクは電機子電流に比例する．すなわち

$$\tau_m(t) = K_t i_a(t) \tag{7.2}$$

電機子コイルに働く逆起電力は

$$e_{mf}(t) = K_b\, \omega_m(t) \tag{7.3}$$

となる．さらに，トルクと負荷との関係は次式で表される．

$$J_m\frac{d\omega_m(t)}{d\,t} + B_m\omega_m(t) = \tau_m(t) - \tau_l(t) \tag{7.4}$$

以上の式をラプラス変換し，ブロック線図で表すと図7.6のようになる．ここで，ロータの粘性抵抗係数は普通小さいので無視することにし（$B_m = 0$），負荷が加わらない（$\tau_l(t) = 0$）ときの伝達関数 $G_m(s)$ を求めておくことにする．図7.6のブロック線図を等価変換して，

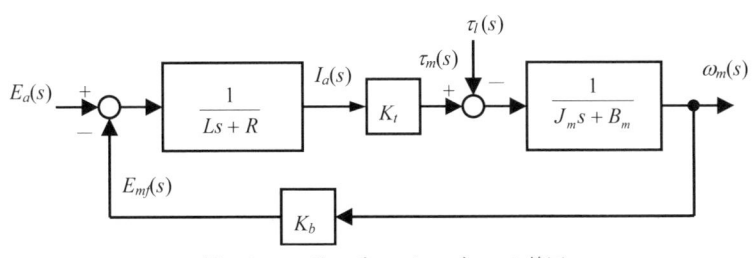

図7.6 DC サーボモータのブロック線図

$$G_m(s) = \frac{\omega_m(s)}{E_a(s)} = \frac{K_t}{L J_m s^2 + R J_m s + K_t K_b} \qquad (7.5)$$

となるが，一般にインダクタンス L は小さく

$$L/R \ll R J_m/(K_t K_b)$$

が成立するので，次式の二次遅れ系で表せる．

$$G_m(s) \cong \frac{K_m}{(T_m s + 1)(T_e s + 1)} \qquad (7.6)$$

ただし，

$$T_m = R J_m/(K_t K_b), \quad T_e = L/R, \quad K_m = 1/K_b \qquad (7.7)$$

であり，T_m は**機械的時定数**，T_e は**電気的時定数**と呼ばれる．普通は $T_e \ll T_m$ であるので，T_e を無視し，次の一次遅れ系で扱う場合が多い．

$$G_m(s) = \frac{K_m}{T_m s + 1} \qquad (7.8)$$

いま，式（7.1），（7.2），（7.3）の定常状態における項だけを整理すると

$$\tau_m = \frac{K_t(e_a - K_b \omega_m)}{R} \qquad (7.9)$$

となり，τ_m と ω_m との関係をグラフに表すと図7.7のような直線群となる．この特性線図は，モータに負荷トルクを加えた状態で運転し，トルクと角速度を測定することによって，実験的に求められる．

普通，サーボモータのメーカでは，増幅器を内蔵したサーボコントローラを製作し，モータと一緒に販売している．汎用的なサーボコントローラには，図7.8のブロック線図に示すように，電流のフィードバック制御を付け加え，安定化させたものが多い．電流制御部は，モータに過電流を流さないように飽和特性をもたせている．

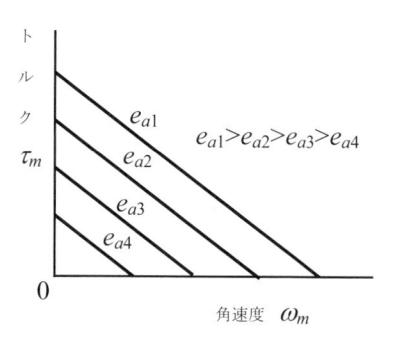

図7.7 DCサーボモータのトルク-角速度特性

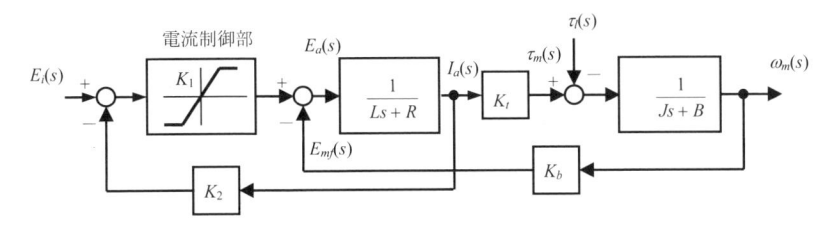

図7.8 電流制御部付き増幅器を備えた DC サーボ系

(3) 慣性負荷の連結

一般に，サーボモータは回転テーブルのような慣性体を回したり，直動テーブルをボールねじを介して駆動する場合が多い．これらの慣性負荷をモータに付加したときの計算式について述べる．

① 負荷と直結した場合

図7.9(a)のように，モータの出力軸に慣性モーメント J_l の負荷を直結した場合，モータ軸回りの慣性モーメント J_t は

$$J_t = J_m + J_l \tag{7.10}$$

であり，等価的に図7.9(b)のように表される．

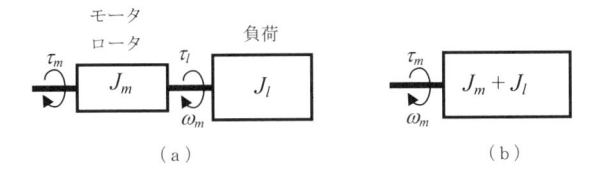

図7.9 モータに負荷を直結した場合

② 歯車で減速する場合

図7.10(a)のように，モータ軸と負荷軸の間に歯数比 $1/n$ の歯車列を挿入し，減速された負荷軸に慣性負荷 J_l を結合したとき

$$\tau_m = J_m \frac{d\omega_m}{dt} + \frac{1}{n}\tau_l \tag{7.11}$$

$$\tau_l = J_l \frac{d\omega_l}{dt} \tag{7.12}$$

$$\omega_l = \frac{1}{n}\omega_m \tag{7.13}$$

と表せるので，

$$\tau_m = \left(J_m + \frac{J_l}{n^2}\right)\frac{d\omega_m}{dt} \tag{7.14}$$

が成り立つ．この式は，モータ軸に J_l/n^2 の慣性モーメントの負荷を直結したことに相当し，等価的に図7.10(b)のように表せる．

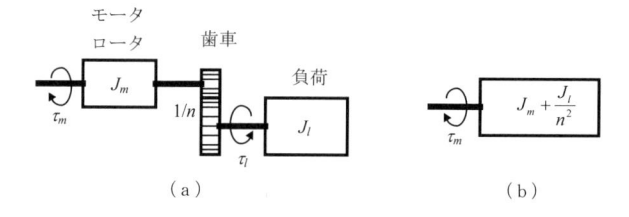

図7.10 負荷を歯車で減速する場合

ここで，慣性負荷を歯車列を介して駆動する場合の最適歯数比を求めよう．**最適歯数比**とは，モータトルクを一定にした場合に，慣性負荷を最大加速度で駆動できる歯数比のことである．そこで，式(7.14)の ω_m を式(7.13)により ω_l に書き直し，さらに負荷軸の角加速度を α_l とすると

$$\tau_m = \left(nJ_m + \frac{J_l}{n}\right)\frac{d\omega_l}{dt} = \left(nJ_m + \frac{J_l}{n}\right)\alpha_l \tag{7.15}$$

となる．一定の τ_m に対して最大の α_l を得るためには，$nJ_m + J_l/n$ が最小になるような n を選択すればよい．したがって

$$\frac{d}{dn}\left(nJ_m + \frac{J_l}{n}\right) = J_m - \frac{J_l}{n^2} = 0$$

より

$$n = \sqrt{\frac{J_l}{J_m}} \tag{7.16}$$

が得られ，これが最適歯数比となる．

[例題7.1] モータのロータと負荷の慣性モーメントがそれぞれ $7.25\times10^{-4}\ \mathrm{kg\,m^2}$ と

2.8×10^{-2} kg m^2 である．最適歯数比 n を求め，その場合のモータ軸上の等価慣性モーメント J_{eq} を求めよ．

[解] 式（7．16）より

$$n = \sqrt{\frac{J_l}{J_m}} = \sqrt{\frac{2.8 \times 10^{-2}}{7.25 \times 10^{-4}}} = 6.21$$

$$J_{eq} = J_m + J_l/n^2 = 2J_m = 2 \times 7.25 \times 10^{-4} = 1.45 \times 10^{-3} \text{ kg m}^2$$

減速歯車列の歯数比を最適歯数比 $n = \sqrt{J_l/J_m}$ に選ぶと，式（7．15）は

$$\tau_m = 2\sqrt{J_m J_l}\alpha_l \tag{7．17}$$

となる．両辺を2乗して整理すると

$$\frac{\tau_m^2}{J_m} = 4\alpha_l^2 J_l \tag{7．18}$$

が得られる．この式では，左辺がモータ側，右辺が負荷側の量に分離されている．ここで，左辺 τ_m の代わりに，モータの最大トルク τ_{mp} を用いると，右辺の α_l は負荷の取りうる最大加速度となる．$\tau_m = \tau_{mp}$ としたときのこの式の左辺をモータの**パワーレート**（power rate）といい，モータの選択に用いられる量の1つである．パワーレート P_{rate} は

$$P_{rate} = \frac{\tau_{mp}^2}{J_m} \quad [\text{W/s}] \tag{7．19}$$

と表され，応答速度に関係する．

[例題7．2] あるＤＣモータのロータ慣性モーメントが 3.72×10^{-5} kg m^2，最大トルク（定格トルク）が 0.343 Nm である．パワーレート P_{rate} を計算せよ．

[解] $P_{rate} = \dfrac{0.343^2}{3.72 \times 10^{-5}} = 3.16 \times 10^3$ W/s $= 3.16$ kW/s

[例題7．3] [例題7．2]のモータに，慣性モーメント 2.19×10^{-4} kg m^2 の負荷を最適歯数比の歯車列を介して連結するとき，負荷の最大加速度はいくらか．

[解] 式（7．17），式（7．19）より，負荷の最大加速度 α_l は

$$\alpha_l = \frac{1}{2}\sqrt{\frac{P_{rate}}{J_l}} = \frac{1}{2}\sqrt{\frac{3.16 \times 10^3}{2.19 \times 10^{-4}}} = 1.90 \times 10^3 \text{ rad/s}^2$$

③ 直線運動する負荷の場合

図7.11(a)のように，質量 m のテーブルをモータに直結されたボールねじで駆動する場合について考える．摩擦を極力少なくするため，案内にもボールまたはローラを用いたものを使用するものとし，以下摩擦力を無視することにする．

いま，テーブル速度 v，同変位 x，ボールねじのリード p，モータの回転角速度 ω_m，同角変位 θ_m，モータのトルク τ_m とすると

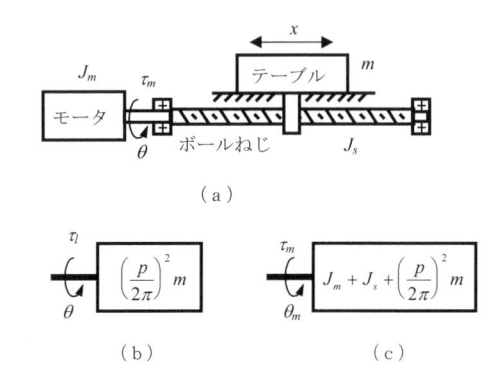

図7.11 直動質量の等価慣性モーメント

$$v = \frac{p}{2\pi}\omega_m \quad \text{または} \quad x = \frac{p}{2\pi}\theta_m \qquad (7.20)$$

駆動エネルギーは(トルク×回転角)あるいは(力×距離)で求められるから，テーブル慣性負荷駆動に要するトルクを τ_l とし，摩擦を無視してエネルギー保存則を適用すると

$$\tau_l \, d\theta_m = \left(m\frac{dv}{dt}\right)dx \qquad (7.21)$$

が得られ，これより

$$\tau_l = m \cdot \frac{dv}{dt} \cdot \frac{dx}{d\theta_m} = m \cdot \frac{p}{2\pi} \cdot \frac{dv}{dt} \qquad (7.22)$$

これに，式(7.20)を代入すると

$$\tau_l = \left(\frac{p}{2\pi}\right)^2 m \frac{d\omega_m}{dt} \qquad (7.23)$$

と表され，モータ側から見れば図7.11(b)に示すように，モータ軸に $\{p/(2\pi)\}^2 m$ の慣性モーメントの負荷を直結したものと等価になる．これにモー

7.1 電気サーボ系の構成

タ回転子の慣性モーメント J_m とねじ軸の慣性モーメント J_s が加わって，図7．11（c）のような等価慣性モーメントとなる．ゆえにモータ軸のトルク τ_m は

$$\tau_m = \left\{ J_m + J_s + \left(\frac{p}{2\pi}\right)^2 m \right\} \frac{d\omega_m}{dt} \tag{7.24}$$

となる．

[例題7.4] 図7．11（a）のようなテーブル送り機構において，モータ軸上に換算した等価慣性モーメントを求め，モータ入力電圧 $e_a(t)$ を入力，テーブル位置 $x(t)$ を出力として伝達関数を求めよ．ただし，諸量は次のとおりである．

テーブル質量； $m = 100$ kg
ボールねじ　リード； $p = 10$ mm
　　　　　　慣性モーメント； $J_s = 12.3 \times 10^{-4}$ kg m^2
モータ　　　慣性モーメント； $J_m = 16.8 \times 10^{-4}$ kg m^2
　　　　　　電機子抵抗； $R = 3.8\ \Omega$
　　　　　　トルク定数； $K_t = 0.530$ Nm/A
　　　　　　誘起電圧定数； $K_b = 50$ V/k rpm

[解] モータ軸上に換算した等価慣性モーメント J_{eq} は

$$J_{eq} = J_m + J_s + \left(\frac{p}{2\pi}\right)^2 m$$

$$= 16.8 \times 10^{-4} + 12.3 \times 10^{-4} + \left(\frac{0.01}{2\pi}\right)^2 \times 100 = 3.16 \times 10^{-3}\ \text{kg m}^2$$

また

$$K_b = 50\ \text{V/k rpm} = 50/(1000 \times 2\pi/60) = 0.478\ \text{V/(rad/s)}$$

時定数 T は式（7.7）の J_m に J_{eq} を代入して

$$T = \frac{J_{eq} R}{K_t K_b} = \frac{3.16 \times 10^{-3} \times 3.8}{0.530 \times 0.478} = 4.74 \times 10^{-2}\ \text{s}$$

ゆえに，モータの入力電圧 $E_a(s)$ を入力，モータ軸の回転角度 $\theta_m(s)$ を出力とする伝達関数 $G_1(s)$ は，式（7.7），（7.8）により

$$G_1(s) = \frac{\theta_m(s)}{E_a(s)} = \frac{1/K_b}{s(Ts+1)} = \frac{2.09}{s(0.0474s+1)}$$

となる．出力をテーブル変位 $X(s)$ とした伝達関数 $G(s)$ は，式（7.20）より

$$G(s) = \frac{X(s)}{E_a(s)} = \frac{p}{2\pi} \cdot \frac{\theta_m(s)}{E_a(s)} = \frac{\{0.01/(2\pi)\} \cdot 2.09}{s(0.0474s+1)} = \frac{3.32 \times 10^{-3}}{s(0.0474s+1)} \quad \text{[m/V]}$$

が得られる．

7.2 油圧サーボ系の構成

　油圧制御回路は，比較的大きな荷重を素早く正確に動かしたいときに用いられる．これは油圧システムが電動システムに比べて，小型軽量でありながら大出力であること，過大な負荷への対処が容易なこと，作動力は大きいが応答が迅速なことなどによる．しかし，使われる作動油の管理（ゴミ混入防止や劣化）や漏れに対する注意が必要であり，非線形な特性を有するなど油圧制御は電気制御より面倒な所も多い．このため，油圧制御回路は比較的厳しい仕様が必要

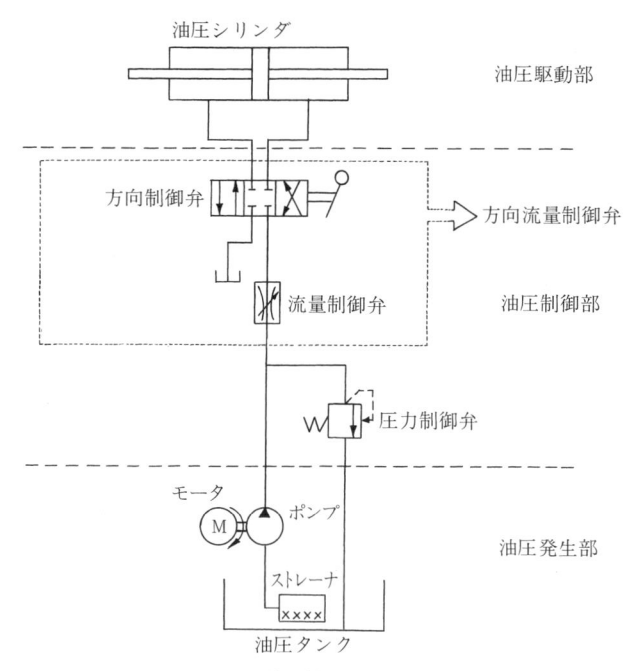

図7.12　基本的な油圧制御回路

な場面, すなわち建設機械(非常に大きな出力), 航空機・ロケット(小型軽量で確実迅速な動作), 自動車(使用条件が過酷), 試験機(正確で高速応答)などで用いられる.

基本的な油圧制御回路を図7.12に示す. 回路は大きく分けて3つの部分に分けられる.

第1の部分は, **油圧発生部**であり, 高圧の油流を発生する部分である. 油圧ポンプ, 電動モータ(あるいはエンジン), ストレーナ(吸い込み口のフィルタ), 油圧タンク, 油温を保つクーラーやヒーター等が主な構成品である. このうち特に重要なのが油圧ポンプであり, 油圧制御回路では**容積形ポンプ**(positive displacement pump)が用いられる. 容積形ポンプは小さな仕切られた空間に入った液体を低圧側から高圧側に運んで吐き出すことでポンプ作用をするもので, 代表的なものには, 歯車ポンプ, ベーンポンプ, ピストンポンプ(斜軸形, 斜板形)がある. 図7.13にその概要を示す.

(a) 歯車ポンプ

(b) ベーンポンプ

(c) ピストンポンプ(斜軸形)

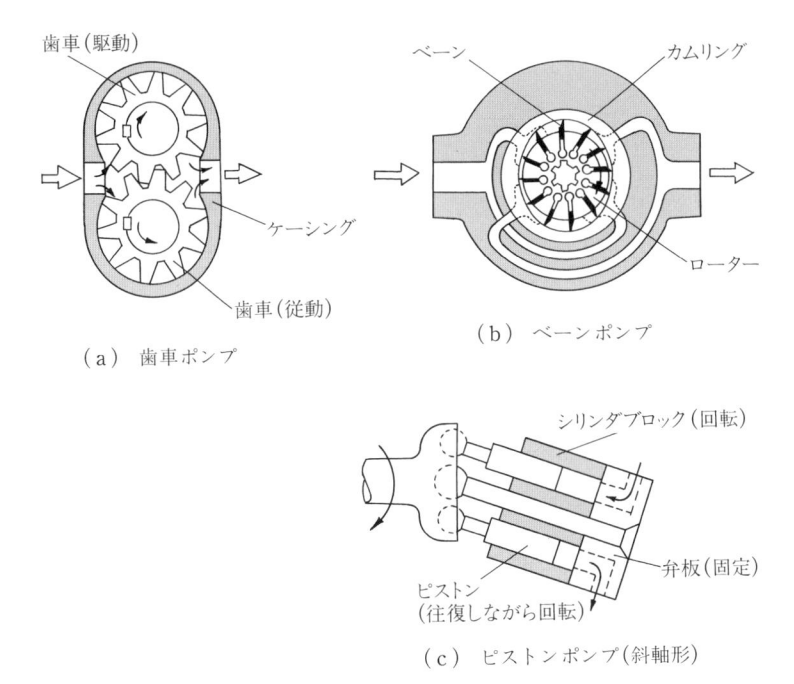

図7.13 油圧ポンプ

第2の部分は**油圧駆動部**である．これは油圧によって機械運動・力を発生させる部分で油圧アクチュエータで構成されている．油圧アクチュエータとして代表的なものに，油圧シリンダ，油圧モータ（歯車モータ，ベーンモータ，ピストンモータ），揺動モータがある．油圧シリンダは往復直線運動，油圧モータは連続回転運動，揺動モータは1回転以下の往復回転運動を行うことができる．

　第3の部分は**油圧制御部**である．ここには油圧制御の心臓部ともいえる3種類の油圧制御弁がある．圧力制御弁，流量制御弁，方向制御弁である．圧力制御弁の代表的な弁であるリリーフ弁は，油圧制御回路の回路圧力を設定する．アクチュエータの出す力は，回路圧力とアクチュエータの受圧面積の積で決定される．したがって，圧力制御弁はアクチュエータの出す力を決定する弁である．

　次に，流量制御弁は油圧制御回路の流量を設定する弁である．アクチュエータの速度は，回路流量をアクチュエータの受圧面積で割ったものである．したがって，流量制御弁はアクチュエータの速度を決定する弁である．最後の方向制御弁は文字通りアクチュエータの作動する方向を決める弁である．

　図7.12の油圧制御部の点線で囲まれた部分は，方向流量制御弁という1つの弁に置き換えることもできる．方向流量制御弁として代表的なもののうち，機械的入力（カムやレバーや人力）で動かすものに四方案内弁がある．また，電気的入力で駆動されるものとして，サーボ弁や電磁比例弁がある．この方向流量制御弁を使うと，油圧サーボ機構を構成することができる．

　図7.14は四方案内弁を使った機械式油圧サーボ機構によって慣性負荷を動かす系を示している．

　同図(a)では，案内弁のスリーブ(外筒)と油圧シリンダが固定されており，入力レバーと油圧シリンダのピストンが逆方向に動く．つまり，zの方向に微小入力変位Δzを加えるとxの方向にスプールがΔx移動して案内弁が開き，油圧発生部からの圧力P_Sの圧油が案内弁のa室を通って油圧シリンダのa室に流れ込む．一方，油圧シリンダのb室からは，油が案内弁のb室を通って油タンクに排出される．したがって，ピストンはyの方向に動き，それに伴ってスプールが閉じる方向に動く．そしてスプールが丁度もとの位置まで戻ると案内弁が閉じるのでピストンも静止する．したがって，入力レバー変位Δzとピストン変位Δyの間には次の関係が成立する．

7.2 油圧サーボ系の構成 141

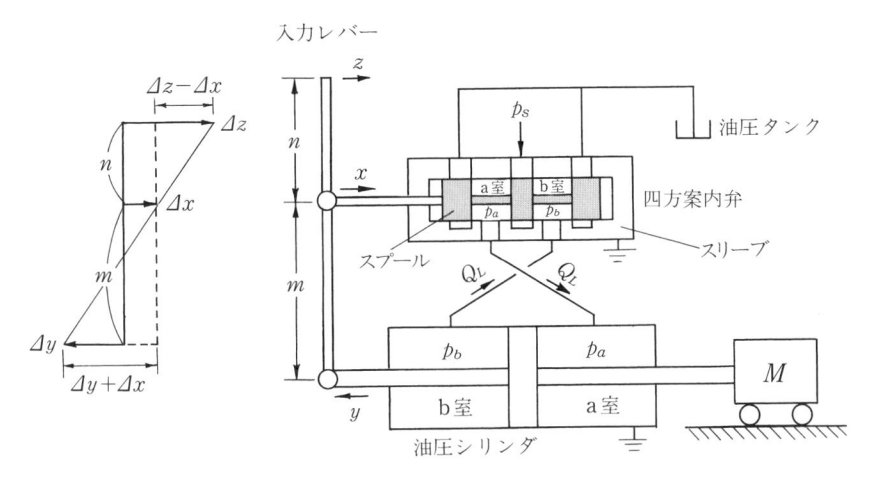

(a) シリンダ固定形

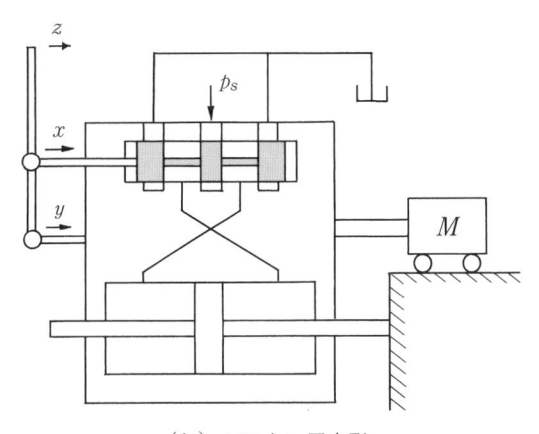

(b) ピストン固定形

図7.14 機械式油圧サーボ機構

$$\Delta y : \Delta z = m : n \quad \therefore \quad \Delta y = \frac{m}{n} \Delta z$$

　一方図7.14(b)では，ピストンが固定されており，油圧シリンダと四方案内弁のスリーブは一体となっているので，入力レバーとシリンダが同方向に動く．つまり，z方向に入力が加わると，xの方向にスプールが移動して案内弁が開く．油圧は図7.14(a)と同様に流れるが，この場合は油圧シリンダがy

方向に動き，z と等しくなったところで案内弁が閉じてピストンも静止する．
$$\Delta y = \Delta z$$

どちらの方法でも，入力レバーを通じてフィードバックが行われており，はじめスプールが動いて案内弁が開いても，油圧シリンダの動きにより案内弁が閉じる方向に動き，案内弁が閉じた位置で自動的にシリンダは静止する．このことから予想されるように，定常偏差のない精度の良い追従を実現するためには，スリーブの溝の幅とスプールのランド（太いところ）の幅がぴったり一致していなければならない．図7.15に示すように，これを**ゼロラップ**という．これに対し，ランドの幅の方がやや大きいものを**オーバーラップ**，逆に小さいものを**アンダーラップ**という．実際には，エッジ（角のところ）からの漏れなどがあるのでややオーバーラップとなっている．

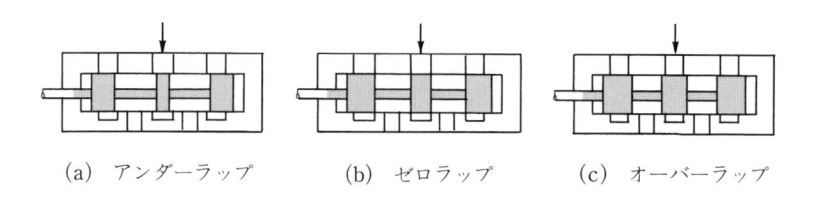

(a) アンダーラップ　　(b) ゼロラップ　　(c) オーバーラップ

図7.15　スプールのラップ

　レバーへの z 入力はスプールを動かすための僅かな力で十分であるが，油圧シリンダからは大きな出力が得られ，サーボ機構となる．特に図7.14(b)の形式のものは入出力の変位が同じで方向も同じであるため，油圧ならい装置などに用いられた．以上は，このサーボ機構の静特性（定常特性）を説明したものである．

　サーボ機構として重要視される特性は動特性であり，以下では，2種類のサーボ機構を対象に，始めに単純化した解析，次により詳細な解析を行う．

　まず，通常使われる図7.14(a)の形式の油圧サーボ機構を例にとって，基礎的な解析を行う．もっとも重要な特性式として，絞りの流量特性式がある．この式は流体制御のあらゆる場面で出てくる簡単ではあるが重要な式である．

$$Q_L = cA_o \sqrt{\frac{2\Delta p}{\rho}} \quad (7.25)$$

ここで，Q_L：流量，c：流量係数，A_o：開口面積，Δp：絞り前後の圧力差，ρ：油の密度．

この式を図7.14（a）の四方案内弁のスプールに適用する．

a室：$\quad Q_L = c(\pi d x)\sqrt{\dfrac{2(p_s - p_a)}{\rho}}$ (7.26 a)

b室：$\quad Q_L = c(\pi d x)\sqrt{\dfrac{2(p_b)}{\rho}}$ (7.26 b)

開口面積が，$(\pi d x)$ となっているのは，直径 d のスリーブの内面に円周状（円周長 πd）に溝が掘られ，スプールが x だけ変位しており，開口面積がその積となるためである．この2式より，次式が得られる．

$$p_s - p_a = p_b \quad \therefore \quad p_a + p_b = p_s \tag{7.27}$$

ここで，負荷圧力 p_L という変数を導入する．これは，油圧シリンダのピストン両側の圧力差のことであり，負荷はこの圧力差によって駆動されるため，この名前が付けられたのである．

$$p_a - p_b = p_L \tag{7.28}$$

式（7.27），（7.28）より p_a と p_b は，p_L と p_s を用いて次のように表される．

$$p_a = \dfrac{p_s + p_L}{2}, \quad p_b = \dfrac{p_s - p_L}{2} \tag{7.29}$$

したがって，四方案内弁の流量特性式（7.26 a,b）は p_L を用いて次のように表される．

$$Q_L = c(\pi d x)\sqrt{\dfrac{(p_s - p_L)}{\rho}} \tag{7.30}$$

この特性は負荷圧力・流量特性と呼ばれ，図7.16のように示される．$x_{\max}$ はスプールの最大変位である．ここで重要な独立変数は，x および p_L であり，流量特性式は明らかに非線形である．

油圧シリンダ室への流量 Q_L と油圧シリンダ変位 y の関係は，各種の漏れや，油の圧縮性を省略すると次式となる．

$$A\dfrac{dy}{dt} = Q_L \tag{7.31}$$

ここで，A はシリンダ受圧面積である．

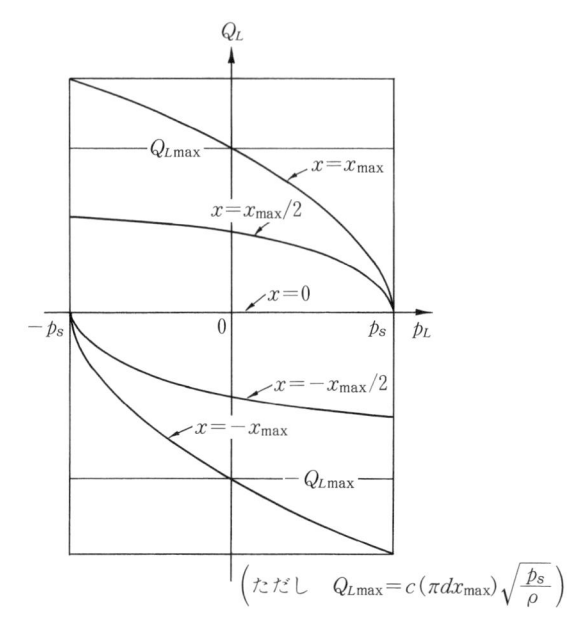

図7.16 四方案内弁の負荷圧力・流量特性

（ただし $Q_{L\max} = c(\pi d x_{\max})\sqrt{\dfrac{p_s}{\rho}}$ ）

油圧シリンダの負荷圧力により慣性負荷が駆動される．

$$M\frac{d^2 y}{dt^2} = A p_L \tag{7.32}$$

ここで，M は慣性負荷の質量である．

以上得られた式(7.30)，(7.31)，(7.32)が基礎式である．しかし，式(7.30)は非線形であるためこのままの解析は容易ではない．そこでこれらの式を動作点周りで線形化し，その近傍の微小変動(変数に Δ を付けて表わす)間の関係を求める．まず式(7.30)は図7.16からもわかる（Q_L は x の増大につれて増大し，p_L の増大につれて減少する）ように，次のように線形化される．

$$\Delta Q_L = k_1 \Delta x - k_2 \Delta p_L \tag{7.33}$$

ただし，

$$k_1 : 流量ゲイン = \left(\frac{\partial Q_L}{\partial x}\right)_0$$

7.2 油圧サーボ系の構成

$$k_2 : 圧力流量係数 = -\left(\frac{\partial Q_L}{\partial p_L}\right)_0$$

これらはいずれも動作点(添字0で表している)での微分係数であるが，動作点をあらかじめ決定するのは難しいので，通常は例えば下記のように定めている．

$$k_1 \approx \frac{Q_{L\max}}{x_{\max}}$$

$$k_2 \approx -\left(\frac{\partial Q_L}{\partial p_L}\right)_{x=\frac{x_{\max}}{2},\ p_L=0} = \frac{Q_{L\max}}{4p_s}$$

ここで，$Q_{L\max}$ は $x=x_{\max}$，$p_L=0$ での流量

$$Q_{L\max} = c(\pi d x_{\max})\sqrt{p_s/\rho}$$

である．

次に，式(7.31),(7.32)はそのまま Δ を付けるだけで微小変動の式となる．

$$A\frac{d\Delta y}{dt} = \Delta Q_L \tag{7.34}$$

$$M\frac{d^2\Delta y}{dt^2} = A\Delta p_L \tag{7.35}$$

式(7.33),(7.34),(7.35)を実際の基礎式として，これらをラプラス変換し，$X(=\mathcal{L}[\Delta x])$ と $Y(=\mathcal{L}[\Delta y])$ の関係を求めると次式となる．

$$Y = \frac{(k_1/A)}{1+\left(\frac{Mk_2}{A^2}\right)s} \cdot \frac{1}{s} X \tag{7.36}$$

さらに，$Z=\mathcal{L}[\Delta z]$ とすると，入力レバーの幾何学的関係から次式が成り立つ．

$$(\Delta y + \Delta x):(\Delta z - \Delta x) = m:n \quad \therefore\ X = \frac{m}{m+n}Z - \frac{n}{m+n}Y \tag{7.37}$$

式(7.36)と(7.37)をブロック線図で表したものが図7.17である．この閉ループ内には一次遅れ要素と積分要素があるのみなので，一巡伝達関数の位相遅れが180°を越えることはなく，どのようなゲインであろうとこの系は不

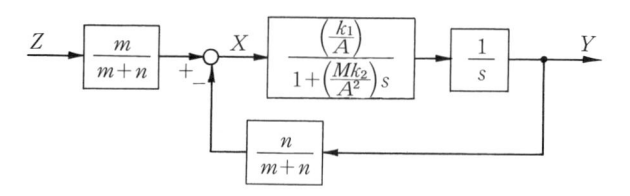

図7.17 機械式油圧サーボ機構のブロック線図

安定にならない．しかしこの解析は，さまざまな要素を省略して簡単化しているので一般的ではなく，より詳しい解析をするとこのようなことはいえなくなる．

方向流量制御弁としてサーボ弁を用いた電気油圧サーボ機構を対象にもう少し詳しい解析を行う．図7.18は電気油圧サーボ機構の概略図である．

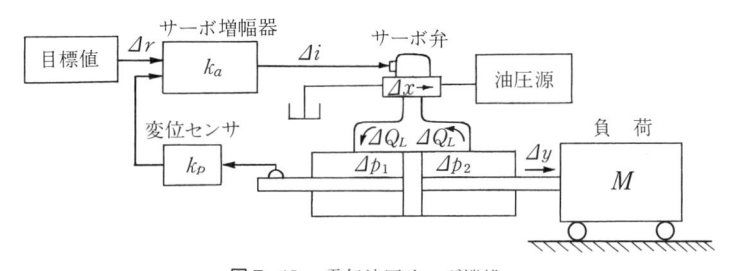

図7.18 電気油圧サーボ機構

サーボ増幅器はシリンダ変位の目標値と変位センサからのシリンダ変位出力の差を電流に変換・増幅して出力している．サーボ弁にはサーボ増幅器からの出力電流が入力されて油流が制御され，これによって油圧シリンダが駆動される．

サーボ弁にはさまざまな形式のものがあるが，代表的な2段形サーボ弁の構造を図7.19に示す．トルクモータは入力電流iに比例したトルクを発生し，フラッパを変位させる．これによりフラッパ両側のノズル背圧に差が生じ，スプールが変位する．このスプール変位はフィードバックばねを通してトルクモータにフィードバックされ，結果として，入力電流に比例したスプール変位xが生ずる．なお，以降の数式の導出はΔを付けて微小変動間の関係として表す．

$$\Delta x = k_v \Delta i \qquad (7.38)$$

7.2 油圧サーボ系の構成　　147

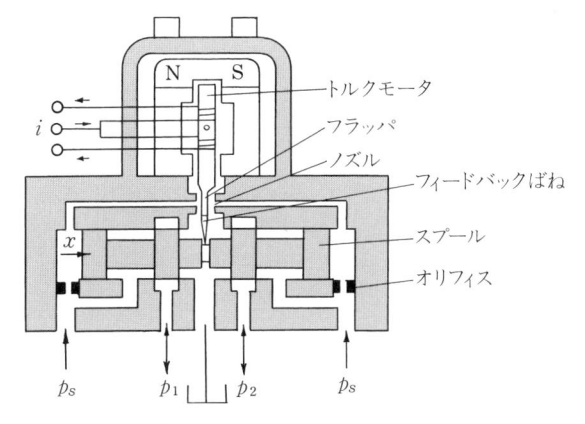

図7.19 2段形サーボ弁の構造

サーボ弁各要素の動特性を考慮した詳細な動特性解析では，ノズル・スプール系の一次遅れおよびトルクモータの質量・ばね系による二次遅れなどを考慮するが，このような考慮が必要なサーボ系はかなり高い周波数を対象としたサーボ系であり，通常の油圧サーボ系では単純化した式(7.38)が用いられる．

サーボ弁のスプールの負荷圧力・流量特性は機械式油圧サーボ機構のところで述べた四方案内弁と同じであり，式(7.30)で表され，線形化すると式(7.33)で表される．ただし，この場合は $\Delta p_L = \Delta p_1 - \Delta p_2$ である．

油圧シリンダの変位 Δy と負荷流量 ΔQ_L の関係は，シリンダ室内の油の圧縮性を考慮すると次式で表される．

$$\text{シリンダ左室：} A\frac{d\Delta y}{dt} = \Delta Q_L - \frac{V_0/2}{K_b} \cdot \frac{d\Delta p_1}{dt} \qquad (7.39\text{a})$$

$$\text{シリンダ右室：} A\frac{d\Delta y}{dt} = \Delta Q_L + \frac{V_0/2}{K_b} \cdot \frac{d\Delta p_2}{dt} \qquad (7.39\text{b})$$

ここで，V_0 はシリンダ内の油体積であり，ピストンがシリンダストロークの中央にあるとすれば，左右室それぞれの油体積は $(V_0/2)$ となる．また，K_b は油の**体積弾性係数**(bulk modulus)である．式(7.39a，b)の右辺第2項は，下記の K_b の定義式から導出されたもので，$V = V_0/2$ としている．ここで ΔV は，体積 V の油の圧力変化 Δp に伴う体積変化である．

$$-\frac{\Delta V}{V} = \frac{\Delta p}{K_b}$$

式(7.39a, b)の辺々の平均を取ると次式を得る.

$$A\frac{d\Delta y}{dt} = \Delta Q_L - \frac{V_0}{4K_b} \cdot \frac{d\Delta p_L}{dt} \tag{7.40}$$

負荷として慣性負荷 M を考えると，運動方程式は次式で与えられる.

$$A\Delta p_L = M\frac{d^2\Delta y}{dt^2} \tag{7.41}$$

サーボ増幅器の増幅ゲインを k_a，変位センサのゲインを k_p とし，サーボ系の目標値を Δr として変位フィードバックのみを行うものとすると，サーボ弁への入力電流は次式で表される.

$$\Delta i = k_a(\Delta r - k_p \Delta y) \tag{7.42}$$

以上の式(7.38), (7.33), (7.40), (7.41), (7.42)をラプラス変換し，目標値 $R(=\mathcal{L}[\Delta r])$ からシリンダ変位 $Y(=\mathcal{L}[\Delta y])$ までのブロック線図を描くと図7.20が得られる.

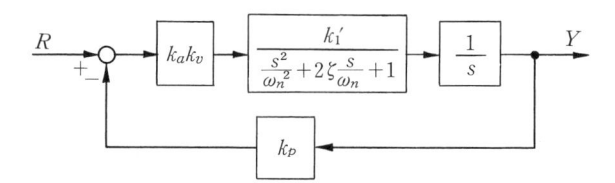

図7.20 電気油圧サーボ機構のブロック線図

ここで,

$$\omega_n = \sqrt{\frac{4K_b A^2}{V_0 M}}, \quad \zeta = \frac{k_2}{A}\sqrt{\frac{K_b M}{V_0}}, \quad k_1' = \frac{k_1}{A}$$

である.

この系の一巡伝達関数 $G_l(s)$ は，$K = k_a k_v k_p k_1'$ とすると，次式で表される.

$$G_l(s) = \frac{K}{s\left(\dfrac{s^2}{\omega_n^2} + 2\zeta\dfrac{s}{\omega_n} + 1\right)} \tag{7.43}$$

この系の安定判別を，ラウスの方法で行う．まず特性方程式は次式となる.

$$1 + \frac{K}{s\left(\dfrac{s^2}{\omega_n^2} + 2\zeta \dfrac{s}{\omega_n} + 1\right)} = 0 \tag{7.44}$$

これを展開すると，次式となる．

$$s^3 + 2\zeta\omega_n s^2 + \omega_n^2 s + \omega_n^2 K = 0 \tag{7.45}$$

したがって，ラウスの表は次のようになる．

$$\begin{array}{c|cc} s^3 & 1 & \omega_n^2 \\ s^2 & 2\zeta\omega_n & \omega_n^2 K \\ s^1 & \dfrac{2\zeta\omega_n^2 - \omega_n K}{2\zeta} & 0 \\ s^0 & \omega_n^2 K & \end{array}$$

これより，次式が成り立つとき安定となる．

$$2\zeta\omega_n^2 - \omega_n K > 0 \quad \therefore \quad K < 2\zeta\omega_n \tag{7.46}$$

　機械式油圧サーボ機構の解析では，ゲイン定数によらず系が安定であったが，ここの解析ではゲイン定数 K が式(7.46)を満たすときに安定となった．実はこれは電気油圧サーボ機構だけでなく，機械式サーボ機構でも同じことがいえる．先の機械式サーボ機構の解析では，油の圧縮性を省略したために常に安定となったのである．

演 習 問 題

1. 図7.21のような構成のサーボ系の開ループ伝達関数を求めよ．ただし，構成要素の諸量は次のとおりとする．

	ポテンショメータの感度；	1.5 V/rad
	タコメータ感度；	2.5×10^{-3} V/rpm
	増幅器の増幅度；	30 dB
モータ	電機子巻線抵抗；	0.3 Ω
	誘起電圧定数；	0.12 V/(rad/s)
	トルク定数；	1.5×10^{-3} Nm/A

150   第7章 サーボ系の構成

	電機子慣性モーメント；	1.0×10^{-5} kgm^2
負荷	慣性モーメント；	4.4×10^{-4} kgm^2
歯車	減速比；	1/7

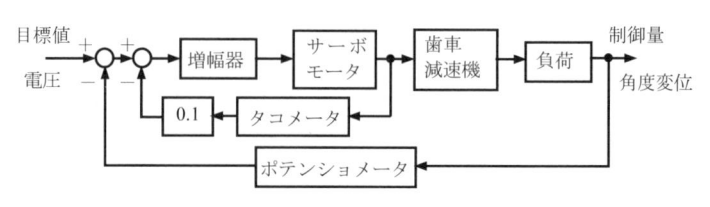

図 7.21

2．図 7.22 のようなテーブル位置制御系の各データは次のとおりである．

	ポテンショメータの感度；	0.05 V/mm
モータ	電機子慣性モーメント；	4.9×10^{-4} kgm^2
	電機子巻線抵抗；	8 Ω
	トルク定数；	0.59 Nm/A
	誘起電圧定数；	0.57 V/(rad/s)
ボールねじ	慣性モーメント；	3.9×10^{-4} kgm^2
	ねじのリード；	5 mm
負荷	質量；	95 kg
歯車	減速比；	2/3

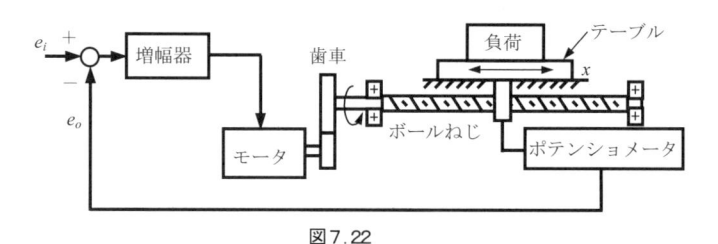

図 7.22

（a） モータ軸に換算した全体の等価慣性モーメントを求めよ．
（b） モータへの入力電圧を入力，モータ軸の回転角度を出力として伝達関数を求めよ．
（c） 閉ループ系の伝達関数で，減衰比 ζ を 0.7 にするには，増幅器の増幅度 K_a をいくらにしたらよいか．

第8章 制御系の計画,設計

8.1 制御系の設計仕様

　制御系を計画設計する場合,まず最初に「制御の目的は何か」を的確に把握しなければならない.そして,その目的を達成させるためには,「制御の質」をいかほどに設定したらよいかを検討し,それを具体的に表した**設計仕様**(design specification)を作成する.

　仕様が決定したら,その仕様を満足するような制御系の構成を計画し,構成要素を選択したり,機構部分の構想を練ったりしながら,細部の設計に取りかかる.設計では試行錯誤を繰り返しながら仕事を進めることが多いが,基本的には,次のような手順に従うことになろう.

（1）　制御対象の特性を,実験や解析を用いて求める.
（2）　制御対称を制御するに適した**アクチュエータ**(actuator)を選定する.
（3）　仕様を満足させるに足る性能をもった**センサ**(sensor)を選定する.
（4）　**制御装置**(controller)や**補償器**(compensation scheme)を選定し,制御系全体の構成を計画する.
（5）　系の数学モデルを作成して検討し,仕様を満足させるように,制御装置や補償器の諸量を決定する.必要な場合には,シミュレーションを試みる.

　前章で述べたように,一般に設計仕様として用いられる諸量は互いに関連し,影響し合っていて,ある1つの量を変化させると他の量にも影響を与える.例えば,定常偏差を向上させようとして,ゲインを上げると安定性を損なうことになる等である.そのため,設計には試行錯誤は避けられない.

　また,設計仕様に用いられる諸量は,**時間領域**(過渡応答特性)より定義されるものと,**周波数領域**(周波数応答特性)より定義されるものとに分類できる.以下に,両領域で定義される諸量を掲げる.

時間領域で定義される仕様
　　定常偏差(位置偏差，速度偏差等)
　　行き過ぎ量
　　行き過ぎ時間
　　立上がり時間
　　整定時間
　　代表根
周波数領域で定義される仕様
　　ゲイン余裕，位相余裕
　　帯域幅
　　ピークゲイン M_p
　　共振角周波数 ω_p

　一般に，時間領域による特性の方が直観的に理解しやすいであろうが，設計するには周波数領域による方が容易であろう．線形系では，過渡応答と周波数応答との間には互いに密接な関係があり，一方の特性が得られていれば他方を解析的に求めることができる．

8.2 直列補償による設計

　制御系の設計において，アクチュエータ，センサの選定が済んだら，**制御演算部**(controlling element)を決め，設計仕様を満足させるように諸量を定めることになる．サーボ系の場合，増幅器だけで間に合わせる場合もあるが，設計仕様を満足できないときには，図8.1に示すように**補償要素**(compensator)を直列に挿入し，特性を改善する方法を用いる．これを**直列補償**(series compensation)という．

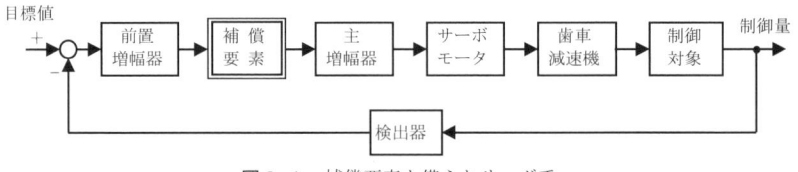

図8.1　補償要素を備えたサーボ系

サーボ系の場合，一般に次の補償要素が用いられている．

位相進み要素
位相遅れ要素
位相進み遅れ要素

以下,位相進み要素と位相遅れ要素を用いた補償について述べることにする.

(1) 位相進み補償による設計

位相進み回路(phase-lead network)と**位相遅れ回路**(phase lag network)はいずれも,図8.2に示すように演算増幅器を用いた回路で実現できる.この回路の伝達関数は,演算増幅器の性質より次のようになる.

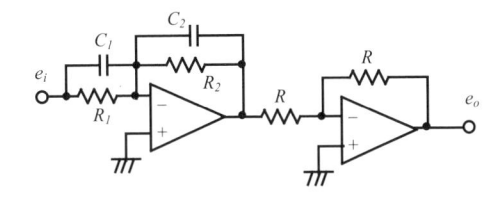

図8.2 演算増幅器による位相進みまたは位相遅れ回路

$$G_c(s) = \frac{R_2}{R_1} \cdot \frac{R_1 C_1 s + 1}{R_2 C_2 s + 1} \tag{8.1}$$

ここで,$C_1 = C_2 = C$ となるように容量を選定すると

$$G_c(s) = \frac{R_2}{R_1} \cdot \frac{R_1 C s + 1}{R_2 C s + 1} = \frac{1}{\alpha} \cdot \frac{\alpha T s + 1}{T s + 1} \tag{8.2}$$

と表せる.ただし,$\alpha = R_1/R_2$,$R_2 C = T$ である.

図の回路で,$R_1 > R_2$ ($\alpha > 1$) ならば位相進み回路となり,$R_1 < R_2$ ($\alpha < 1$) ならば後述の位相遅れ回路となる.

さて,ここで位相進み要素の周波数特性をボード線図で表してみよう.式(8.2)の$1/\alpha$は全体のゲイン定数の中に組み入れることができるので,ここでは便宜上,$1/\alpha$を取り除いた次の式で検討することにする.

$$G_c(s) = \frac{\alpha T s + 1}{T s + 1} \qquad \alpha > 1 \tag{8.3}$$

$\alpha > 1$ であるから,図8.3のボード線図になる.式(8.3)より明らかであるが,折点周波数は$1/T$と$1/(\alpha T)$である.折線近似では,$\omega < 1/(\alpha T)$でゲイン0dB,$\omega > 1/T$では$20\log_{10}\alpha$ dBとなり,$1/(\alpha T) < \omega < 1/T$の範囲は傾斜が+20 dB/dcで

ある直線で結ばれる．このボード線図から明らかなように，位相進み要素は高域フィルタであるので，位相進み補償によって系の応答速度を高めることができる．

位相 $\varphi(\omega)$ は

$$\varphi(\omega) = \tan^{-1} \alpha\omega T - \tan^{-1} \omega T \tag{8.4}$$

であるので

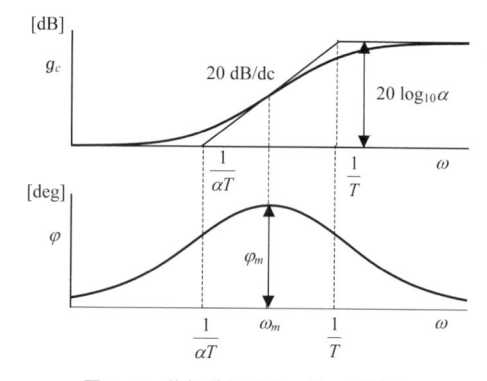

図8.3　位相進み要素のボード線図

$$\tan \varphi(\omega) = \frac{\alpha\omega T - \omega T}{1 + (\alpha\omega T)(\omega T)} \tag{8.5}$$

と表される．この式より位相 $\varphi(\omega)$ が最大となる角周波数 ω_m を求めると

$$\omega_m = \frac{1}{\sqrt{\alpha}T} \tag{8.6}$$

となる．これを式(8.5)の ω へ代入して

$$\tan \varphi_m = \frac{\alpha - 1}{2\sqrt{\alpha}} \tag{8.7}$$

または

$$\sin \varphi_m = \frac{\alpha - 1}{\alpha + 1} \tag{8.8}$$

が得られる．式(8.8)を書き換えると

$$\alpha = \frac{1 + \sin \varphi_m}{1 - \sin \varphi_m} \tag{8.9}$$

となり，この式より φ_m をあらかじめ決めておいて α を定めることができる．

[設計例1]　サーボ系の開ループ伝達関数が

$$G_p(s) = \frac{K}{s(0.05s + 1)}$$

である系に，図8.4に示すように，

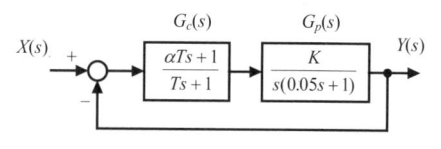

図8.4　設計例

$G_p(s)$ と直列に位相進み補償要素 $G_c(s)$ を挿入し,次の仕様を満足するように設計を進めていこう.

① 単位ランプ入力に対する定常偏差を 0.01 以下にする.
② 位相余裕を 45°以上とする.
③ 5%整定時間を 0.1 s 以下にする.

設計の一例

① 最初に補償前の系から出発しよう.設計仕様では単位ランプ入力に対する定常速度偏差が 0.01 以下なので,式(3.27)から

$$K_v = K \geqq 100$$

でなければならない.限界の値であるが,ここでは $K=100$ と定めることにする.$K=100$ として未補償開ループ系 $G_p(s)$ のボード線図を作ると,図 8.5 における補償前の線図となる.

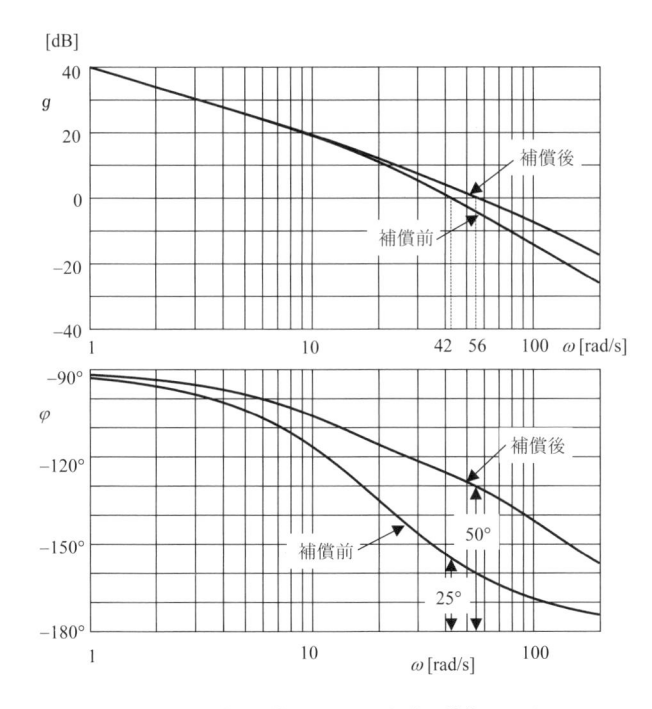

図8.5 ボード線図による位相進み補償の設計

② この線図より，ゲイン交点における角周波数 42 rad/s，位相余裕 25°と読み取れる．設計仕様では位相余裕 45°以上と指定されているので，20°不足していることになる．

③ 位相進み要素を挿入し，ゲイン交点における位相を 20°進ませて位相余裕を満足させなければならないが，位相進み要素のボード線図（図8.3）から明らかなように，ゲインも同時に押し上げられるのでゲイン交点が右に移動し，希望する位相余裕が得られなくなる．そこで，位相の進みを 20°より大きめに $\varphi_m = 30°$ と設定することにする．式（8.9）より

$$\alpha = \frac{1 + \sin 30°}{1 - \sin 30°} = 3.0$$

高周波域のゲイン増加は

$$20 \log_{10} \alpha = 20 \log_{10} 3.0 = 9.54 \text{ dB}$$

④ 位相進み要素のボード線図で，位相の最大値 φ_m が生じる角周波数 ω_m は 2 つの折点周波数 $1/(\alpha T)$ と $1/T$ の幾何平均点 $1/(\sqrt{\alpha}T)$ である．そして ω_m におけるゲインは $(20\log_{10}\alpha)/2 = 9.54/2 = 4.77$ dB である．そこで，位相進み要素の ω_m を未補償の系のゲインが -4.77 dB である $\omega = 55$ rad/s と一致させれば，補償後のゲインは 0 dB となる．ここでは 55 rad/s より少し大きめに選び，

$$\omega_m = 60 \text{ rad/s}$$

とする．位相進み要素の折点周波数はそれぞれ

$$1/T = \sqrt{\alpha}\,\omega_m = \sqrt{3} \times 60 = 104 \text{ rad/s} \qquad 1/(\alpha T) = 34.6 \text{ rad/s}$$
$$T = 0.0096 \text{ s}$$

が得られる．これより位相進み要素の伝達関数は

$$G_c(s) = \frac{\alpha\, Ts + 1}{Ts + 1} = \frac{0.029s + 1}{0.0096s + 1}$$

補償後の系の開ループ伝達関数は

$$G(s) = G_c(s)G_p(s) = \frac{100(0.029s + 1)}{s(0.0096s + 1)(0.05s + 1)}$$

となる．これをボード線図に表したものが，図8.5の補償後と示したグラフである．これより，ゲイン交点 56 rad/s，位相余裕 50°と読み取れ，設計仕様を十分満足していることがわかる．また，図8.6は補償前後の単位ス

テップ応答を計算し，グラフに表したものである．補償後の 5% 整定時間は 0.082 s で，これも設計仕様（0.1 s 以下）を満足している．

[設計例2] 制御対象が

$$G_p(s) = \frac{K}{s(0.2s+1)}$$

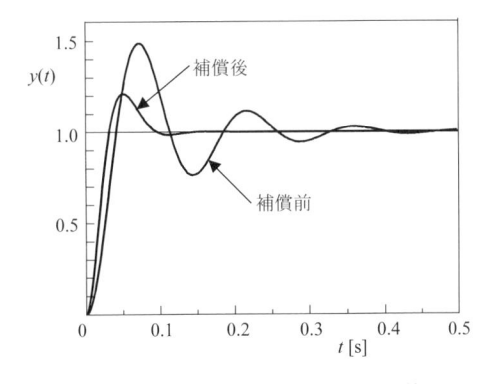

図8.6 補償前後の単位ステップ応答

である系に，位相進み補償を適用し，次の仕様を満足するように設計をする．
① 行き過ぎ量を25% 以下とする．
② 2% 整定時間を 0.6 s 以下にする．

設計の一例

この例では，根軌跡法を用いて設計することにする．
まず，$G_p(s)$ を次のように書き換える．

$$G_p(s) = \frac{K_1}{s(s+5)} \qquad K_1 = 5K$$

そして，適用される位相進み要素も

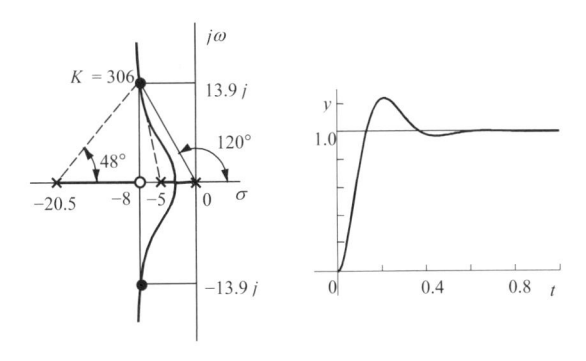

図8.7 設計例2の根軌跡とステップ応答

$$G_c(s) = \frac{s-z}{s-p} \qquad |z| < |p|$$

と表すことにする．

① 行き過ぎ量25%を示す二次遅れ系のζは0.4である．ここでは，代表根のζをこれより少し大き目の0.5とすることにする．したがって，目標とする代表根の位置は

$$180° - \cos^{-1}(0.5) = 120°$$

の方向にある(図8．7)．

② 仕様では，2%整定時間t_sを0.6s以下と指定しているので，ここでは$t_s = 0.5$sとする．第6章の式(6.23)より

$$\zeta \omega_n t_s \cong 4$$

であるので，

$$\zeta \omega_n = 4/0.5 = 8$$

となる．代表根の実部は

$$-\zeta \omega_n = -8$$

であるので，図8．7の左の図の黒点の位置に代表根を定めることにする．

③ 次に，補償要素$G_c(s)$の零点zを代表根実部と等しくとる．すなわち，$z = -8$を図のように白丸でプロットする．

④ $G_c(s)$の極pを決めるために，pを除いて式(6.20)による偏角を計算してみよう．

$$\theta = -120° - 102° + 90° = -132°$$

そこで，pによる偏角をθ_pとすると式(6.20)により

$$-180° = -132° - \theta_p$$

と表され，$\theta_p = 48°$が得られる．これより，図8．7左図のように作図され，$p = -20.5$となる．

⑤ 代表根のK_1の値は，式(6.19)より

$$K_1 = \frac{16 \times 14.2 \times 18.7}{13.9} = 306$$

が得られる．したがって，一巡伝達関数は

$$G_c(s)G_p(s) = \frac{306(s+8)}{s(s+5)(s+20.5)}$$

となる．速度偏差定数 K_v は

$$K_v = \lim_{s \to 0} sG_c(s)G_p(s) = \frac{306 \times 8}{5 \times 20.5} = 23.9$$

となり，単位ランプ応答における定常偏差は約 0.042 となる．

なお，図8.7右に単位ステップ応答を示した．これによると，行き過ぎ量24%，行き過ぎ時間0.21s，2%整定時間0.51sである．

（2） 位相遅れ補償による設計

図8.2に示した回路で，$C_1 = C_2 = C$，$R_1 < R_2$ になるように容量と抵抗を選定すれば位相遅れ回路が実現できる．位相進み回路とまったく同じ回路構成であるので，伝達関数も式（8.2）で表される．ただし，$\alpha < 1$ であることだけが異なる．すなわち

$$G_c(s) = \frac{1}{\alpha} \frac{\alpha Ts + 1}{Ts + 1} \qquad \alpha < 1 \qquad (8.10)$$

が位相遅れ要素の伝達関数である．設計する際には，便宜上，上式中の $1/\alpha$ を閉ループ伝達関数のゲイン定数 K に含ませてしまい，ここでは

$$G_c(s) = \frac{\alpha Ts + 1}{Ts + 1} \qquad \alpha < 1 \qquad (8.11)$$

だけを考慮することにする．

この系のボード線図は図8.8のように表される．位相進み要素の場合と比較すると，ゲイン，位相共に正負が逆になり，横軸に関して対称の形となっていることがわかる．

位相遅れが最大となる周波数は

$$\omega_m = \frac{1}{\sqrt{\alpha}T} \qquad (8.12)$$

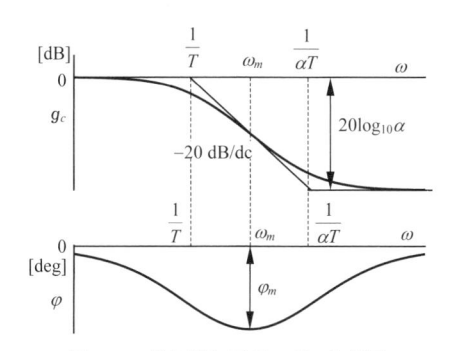

図8.8 位相遅れ要素のボード線図

ピークを示す位相遅れ φ_m は式（8.8）の場合と同様に

$$\varphi_m = \sin^{-1}\left(\frac{\alpha - 1}{\alpha + 1}\right) = -\sin^{-1}\left(\frac{1-\alpha}{1+\alpha}\right) \qquad (8.13)$$

$$\alpha = \frac{1+\sin\varphi_m}{1-\sin\varphi_m} = \frac{1-\sin(-\varphi_m)}{1+\sin(-\varphi_m)} \quad \varphi_m < 0 \quad (8.14)$$

となる．

ボード線図から明らかなように，位相遅れ要素は低周波フィルタであり，そのため定常特性を向上させることができる．補償によって応答速度がやや下がるが，安定度が良くなる．また，高周波雑音や高周波の外乱に対する感度を減少させる利点もある．

[設計例3] 開ループ伝達関数が

$$G_p(s) = \frac{K}{s(0.05s+1)}$$

である系に，位相遅れ補償を施して次の仕様を満足させるように設計する．

① 単位ランプ応答に対する定常偏差を0.01以下とする．
② 位相余裕を45°以上とする．
③ 5%整定時間を0.35 s以下とする．

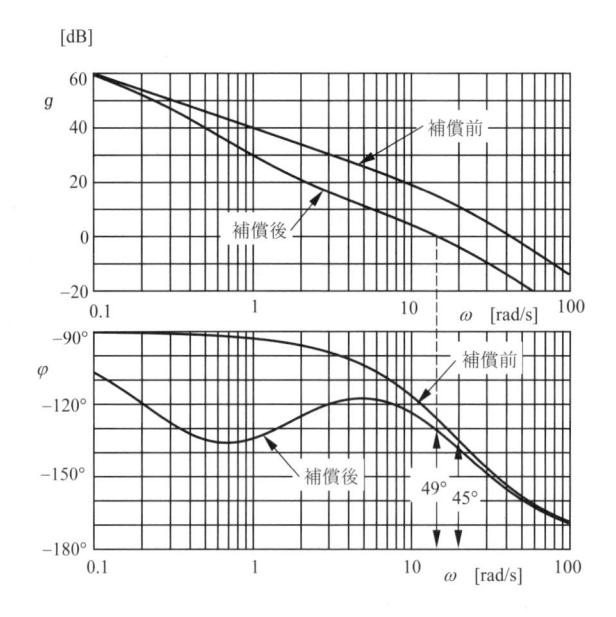

図8.9 ボード線図による位相遅れ補償の設計例

設計の一例

① 補償前の系で，定常速度偏差を0.01とするには速度偏差定数K_vを

$$K_v \geq 100$$

としなければならない．そこで，限界の値ではあるがとりあえず，$K=100$と定め，$G_p(s)$のボード線図を作る．図8.9の補償前の線図がこれである．これより，補償前のゲイン交点における角周波数は42 rad/s，位相余裕は25°であり，安定度はかなり不足である．

② 位相余裕を45°にするには，位相が−135°となる周波数がゲイン交点でなければならない．補償前の特性では位相が−135°になる周波数が20 rad/sであり，ここのゲインが約+10 dBであるから，20 rad/sをゲイン交点とするにはゲイン全体を10 dB下げなければならない．しかし，全体のゲインを下げると定常特性の仕様を満足しなくなる．そこで，位相遅れ要素を挿入することによって，低周波域におけるゲインを下げずに，20 rad/sを含めた高周波域だけのゲインを下げれば，定常特性に影響を与えずに位相余裕を45°にすることができる．

③ しかし，$\omega = 20$ rad/sでゲインを10 dB下げるような位相遅れ要素を計画すると，位相もわずかであっても下がり，位相余裕45°は達成されない．そこで，少し左側の$\omega = 15$ rad/sをゲイン交点になるように計画し直す．現時点では$\omega = 15$ rad/sにおいてゲイン約15 dB，位相−127°程度である．

④ $\omega = 15$ rad/sにおいて，ゲインを15 dB下げるような位相遅れ要素を計画する．図8.8のゲイン特性より　$20\log_{10}\alpha = -15$ dBとして

$$\alpha = 10^{-\frac{15}{20}} = 0.18$$

とする．また，折点$1/(\alpha T)$はゲイン交点周波数ω_gの約1/10程度に選び

$$\frac{1}{\alpha T} = \frac{\omega_g}{10} = \frac{15}{10} = 1.5 \text{ rad/s}$$

とする．これより

$$T = \frac{1}{1.5\alpha} = \frac{1}{1.5 \times 0.18} = 3.70 \text{ s}$$

が得られるから，補償要素の伝達関数は

$$G_c(s) = \frac{\alpha Ts + 1}{Ts + 1} = \frac{0.667s + 1}{3.70s + 1}$$

となる.

⑤ 補償後の開ループ伝達関数は

$$G(s) = G_p(s)\,G_c(s) = \frac{100(0.667s+1)}{s(0.05s+1)(3.70s+1)}$$

となる．このボード線図を図8.9にかき足したものが補償後と示してある線図である．これより，ゲイン交点の角周波数14.5 rad/s，位相余裕49°となった．

また，補償前後の単位ステップ応答は，図8.10のグラフのようになる．位相遅れ補償によって行き過ぎ

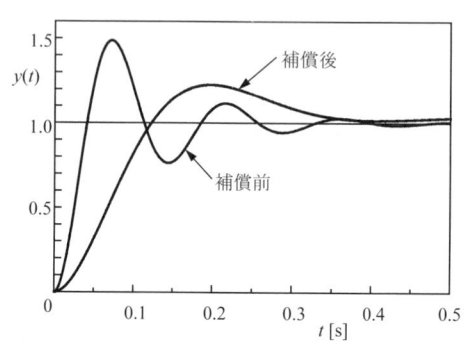

図8.10 補償前後の単位ステップ応答

量が減少し，安定度が改善されたことがわかる．補償後の応答速度は減少したが，5% 整定時間は0.33 s となったので設計仕様の0.35 s 以下を満足している．

8.3 フィードバック補償

前節で述べた直列補償のほかに，特性を向上させる有効な方法として**フィードバック補償**(feedback compensation)の方法がある．フィードバック補償は，図8.11に示されるように，主フィードバックループの内側にもう1

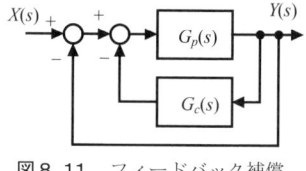

図8.11 フィードバック補償

つのフィードバックループを付け加えて特性の改善をはかる補償法である．

一般に，位置の制御であるサーボ系にフィードバック補償が用いられることが多い．この場合，位置の制御であるから主フィードバック量は当然位置であるが，これに速度のフィードバックループを追加させて，特性を改善させる．速度の検出器として，タコメータ(タコジェネ)やロータリエンコーダが用いられる．タコジェネやロータリエンコーダをモータの軸に直結させて一体化した製品も市販されている．

8.3 フィードバック補償

さて，ここでダンピングが不十分なサーボ系のステップ応答について考察してみよう．ダンピングが不十分な系のステップ応答は，図8.12のような振動的な動きを示す．ここで，$y(t)$ は位置，$e(t)$ は制御偏差，$v(t)$ は速度である．$0 < t < t_1$ では $e(t)$ に比例した訂正動作が働くので目標値に近づくが同時に速度 $v(t)$ が増加することに注意されたい．

$t = t_1$ において，$y(t)$ は目標値に

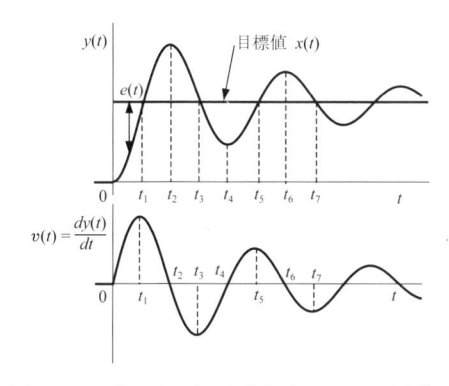

図8.12　ダンピング不十分な系のステップ応答

一致し誤差が 0 となるので，操作量も 0 となって制御動作は働かない．その代わり速度が増加した結果，慣性力が大きくなっているため停止できず，反対方向に行き過ぎてしまう．$t_1 < t < t_2$ では目標値に戻そうとする動作が行き過ぎた量 $e(t)$ に比例して働くが，慣性力が勝っているため速度は減少するものの $y(t)$ は増加を続け，t_2 に至ってようやく速度が 0 になって方向が切り替わる．以下同様な動きが繰り返され，振動が容易には減衰しない．

そこで，振動的な動きを抑えるためには，変位の誤差に比例した動作だけでなく，それに速度に比例した制動作用を加えれば効果的であることがわかる．速度フィードバックはこのような考えに基づいている．

二次系においては，減衰の効果は減衰比 ζ によって支配されることを第2章で述べた．二次系の伝達関数を標準的な形で書けば

（a）補償前　　　　　（b）フィードバック補償後

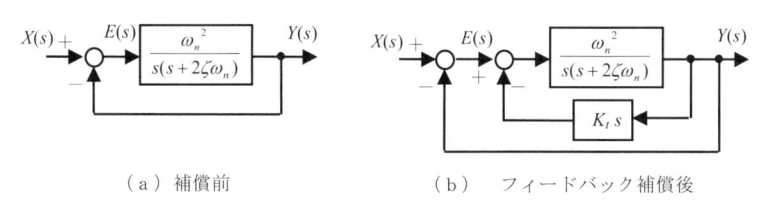

図8.13　二次遅れ系のフィードバック補償

$$W(s) = \frac{\omega_n^2}{s^2 + 2\zeta\omega_n s + \omega_n^2} \qquad (8.15)$$

であるが，これと等価な直結フィードバック系を図8.13(a)のように表すことができる．開ループ伝達関数は

$$G(s) = \frac{\omega_n^2}{s(s + 2\zeta\omega_n)} \qquad (8.16)$$

である．この系に，図8.13(b)のように速度フィードバックを付加すると，開ループ伝達関数は次のようになる．

$$\frac{Y(s)}{E(s)} = \frac{\omega_n^2}{s(s + 2\zeta\omega_n + K_t\omega_n^2)} = \frac{\omega_n^2}{s(s + 2\zeta_c\omega_n)} \qquad (8.17)$$

ただし，

$$\zeta_c = \zeta + \frac{K_t\omega_n}{2} \qquad (8.18)$$

は補償後の減衰比である．明らかに ζ_c を ζ より十分大きくして減衰を効かせ，安定度を高めることができる．固有角周波数 ω_n には変化がなく，減衰比だけが変わっていることに注意されたい．ただ速度偏差定数は減少するのでランプ入力に対する定常偏差は増加する．

［例1］ 直結フィードバック系の伝達関数が

$$G_p(s) = \frac{50}{s(0.125s + 1)} = \frac{400}{s(s + 8)}$$

である系では，$\zeta = 0.2$，$\omega_n = 20$ であり，減衰は不十分である．この系に，$K_t = 0.05$ としてフィードバック補償を施せば

$$\zeta_c = \zeta + K_t\omega_n/2 = 0.2 + 005 \times 20/2 = 0.7$$

となり，減衰が十分効いたサーボ系が実現できる．

8.4 プロセス制御系の設計

化学プラント，食品工業，石油工業など装置産業では，製品を均一に，連続的に生産するために，温度，圧力，流量，pH などの諸量を適切に制御することが求められる．このような制御系はプロセス制御系と呼ばれ，位置の制御であるサーボ系とは制御対象の性格が異なる．

サーボ系では目標値が常に変化する追値制御系であるのに対し，プロセス制

御系では普通目標値が一定である定値制御系である．したがって，プロセス制御系では，目標値よりも外乱に対する応答を主に考えて設計する必要がある．また，外乱も急激な変動が起こらないため，サーボ機構ほど安定性や即応性は要求されない．安定性では，位相余裕20°以上，ゲイン余裕3～10dB程度が設計仕様として選ばれる．応答速度では，普通分単位である場合が多い．

また，サーボ系の設計では構成要素すべてについて検討し，選定，設計しなければならないが，プロセス制御系の場合，一般には制御対象(プラント)の特性にあった市販の**調節計**(controller)を選定し，制御動作のパラメータを設定する．

（1） 制御対象（プラント）の特性

ジーグラ(Ziegler,J.G.)とニコルス(Nichols,N.B.)は，プロセス制御系の制御対象の特性を次のように近似的な伝達関数で表すことを提案した．

制御対象の単位ステップ応答試験の結果，普通図8.14(a)，(b)のような応答曲線が得られる．もし，図(a)のようなS字形の応答曲線となったら，曲線の変曲点に接線を引き，図に示すように K, T, L を求める．そして，近似伝達関数を次の式で表す．

$$G_p(s) = \frac{Ke^{-Ls}}{Ts+1} \tag{8.19}$$

また，図(b)のような応答曲線になった場合

$$G_p(s) = \frac{Ke^{-Ls}}{s} \tag{8.20}$$

と表す．

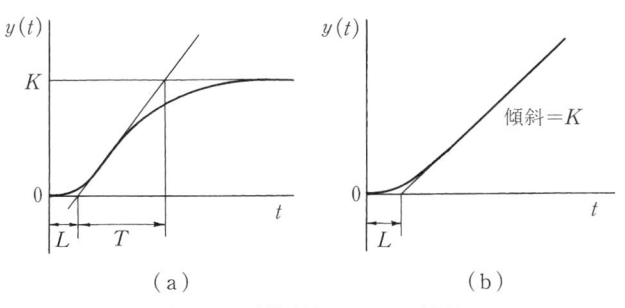

図8.14 制御対象のステップ応答

(2) 調節計の制御動作

調節計内部の制御演算部では，制御偏差を入力として取り込み，それに演算を施して適切な操作信号を作って出力する．操作信号の制御動作は，この演算の内容によって次のような種類がある．

(a) 比例動作（P 動作，proportional control action）

伝達関数は

$$G_c(s) = K_p \tag{8.21}$$

であり，K_p を**比例ゲイン**（proportional gain）という．制御偏差に比例した制御動作が働き，K_p を大きくすると定常偏差と速応性は良くなるが，安定度が損なわれる．

(b) 積分動作（I 動作，integral control action）

伝達関数は

$$G_c(s) = \frac{1}{T_I s} \tag{8.22}$$

で表される．T_I を**積分時間**（integral time）という．制御対象が 0 形の場合，積分動作を加えることによって外乱に対して 1 形になるので，定常偏差を消すことができるが，安定度が悪くなる．積分の働きは，過去の誤差を集積して訂正動作を行うことを意味するので，わずかの誤差も積分されて取り除かれる．単独では用いられず，比例動作が併用される．

(c) 微分動作（D 動作，derivative control action）

伝達関数は

$$G_c(s) = T_D s \tag{8.23}$$

である．T_D を**微分時間**（derivative time）という．操作量は制御偏差の微分値に比例するので，外乱の変化率に比例した制御動作を行う．すなわち，現在の変化の状況を観測し，未来を予測して訂正動作を行うことを意味している．単独では用いられない．

(d) 比例＋積分動作（PI 動作，proportional-plus-integral control）

比例動作と積分動作を合わせた動作で，伝達関数は

$$G_c(s) = K_p \left(1 + \frac{1}{T_I s} \right) \tag{8.24}$$

と表される．

（e） 比例＋微分動作（PD 動作，proportional-plus-derivative control）

比例動作と微分動作を合わせた動作で，伝達関数は

$$G_c(s) = K_p(1 + T_D s) \tag{8.25}$$

（f） 比例＋積分＋微分動作（PID 動作，proportional-plus-integral-plus-derivative control）

比例，積分，微分すべての動作を含めた動作で，伝達関数は次のように表される．

$$G_c(s) = K_p\left(1 + \frac{1}{T_I s} + T_D s\right) \tag{8.26}$$

K_p，T_I，T_D を適当な値に設定することで，最適な動作を実現できる．

（3） PID 調節系の調整則

図8.15は PID 調節系を備えたプロセス制御系を示す．ここで，PID 動作における比例ゲイン，積分時間および微分時間の値をいくらに設定したらよいだろうか．これについて，ジーグラとニコルスが提案した 2 つの方法，**ジーグラ・ニコルスの方法**（Ziegler-Nichols rules）が長い間用いられてきた．両方ともステップ応答における行き過ぎ量がおおよそ 25 % になることをねらって定めたものである．以下にこの 2 つの方法について述べる．

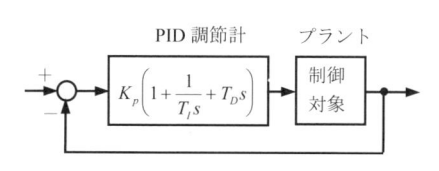

図8.15　PID 調節計による制御

① ステップ応答法

制御対象のステップ応答曲線が図8.14（a）のようにS字状になった場合，

表8.1　パラメータ調整（ステップ応答法）

調節計の動作	K_p	T_I	T_D
P	$\dfrac{T}{KL}$	∞	0
PI	$0.9\dfrac{T}{KL}$	$\dfrac{L}{0.3}$	0
PID	$1.2\dfrac{T}{KL}$	$2L$	$0.5L$

制御対象の伝達関数は式(8.19)で近似されることはすでに述べた．この制御対象に適した調節系のPID動作のパラメータは表8.1のように設定すればよい．

② 限界感度法

この方法では，全体の系が構成された状態で，積分動作と微分動作を作動させずに，比例動作だけを働かせる．すなわち，$T_I = \infty$，$T_D = 0$にセットしておいてK_pを0からゆっくりと増加していくと，やがて一定振幅の振動が持続するに至る．このとき$K_p = K_{cr}$とする(図8.16)．このときの持続振動の周期P_{cr}を読み取り，表8.2のようにパラメータを設定する．

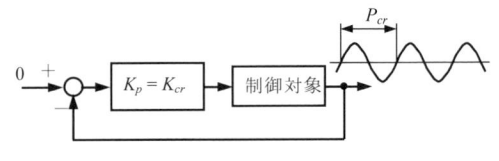

図8.16 限界感度法

表8.2 パラメータ調整（限界感度法）

調節計の動作	K_p	T_I	T_D
P	$0.5K_{cr}$	∞	0
PI	$0.45K_{cr}$	$\dfrac{P_{cr}}{1.2}$	0
PID	$0.6K_{cr}$	$0.5P_{cr}$	$0.125P_{cr}$

現在では，セルフチューニング機能を備えた調節計が市販されている．この種の調節系は，系の変化を常に監視し，必要に応じてチューニング(調節)を行ってPIDのパラメータを最適に設定し直すことができる．

演 習 問 題

1．$\omega = 8\,\mathrm{rad/s}$で最大位相進み角50°を与える位相進み要素の伝達関数を求め，回路を設計せよ．
2．$\omega = 3\,\mathrm{rad/s}$で最大位相遅れ角45°を与える位相遅れ要素の伝達関数を求め，回路を設計せよ．
3．開ループ伝達関数が

$$G(s) = \frac{K}{s(0.05s+1)(0.2s+1)}$$

である直結フィードバック系で，位相進み補償によって次の仕様を満足するように設計せよ．

（1）　単位ランプ入力に対する定常偏差 0.1 以下
（2）　位相余裕 45° 以上
（3）　帯域幅 10 rad/s 以上

4．図 8.17 の系で
　（a）　フィードバック補償 $K_f s$ がないとき，$\zeta = 0.7$ となるように K を定めよ．
　（b）　フィードバック補償後，ω_n を 5 倍にし，かつ $\zeta = 0.7$ となるように K と K_f を定めよ．
　（c）　補償前後で，特性がどのように変わったかを説明せよ．

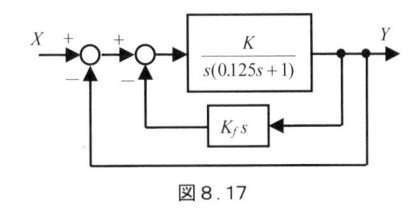

図 8.17

5．比例ゲイン 5.0，積分時間 2.5s の PI 調節計に，単位ステップ入力が加わったときの出力（操作量）を求めよ．また，単位インパルス入力の場合はどうか．

6．図 8.18 のプロセス制御系で，ジーグラ・ニコルスのステップ応答法を用いて K_p, T_I, T_D を求めよ．

　また，制御対象のボード線図を描き，限界感度法で K_p, T_I, T_D を求めよ．

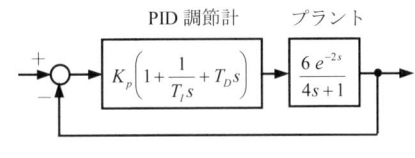

図 8.18

演習問題解答

第2章

1. (a) $y = kax$　(b) $y = kax$　(c) $y = 2ax$

2. 基本式　$\tau = J\ddot{\theta} + Wl\sin\theta$

$\theta_0 = 0$ では　$\tau = J\ddot{\theta} + Wl\theta$

$\theta_0 = \pi/4$ では　$\tau = J\ddot{\theta} + (1/\sqrt{2})Wl\theta$

$\theta_0 = \pi/2$ では　$\tau = J\ddot{\theta}$

3. (a) $F(s) = \dfrac{5}{s+3}$　(b) $F(s) = \dfrac{5}{(s+3)^2}$

　(c) $F(s) = \dfrac{10}{s^2 + 6s + 34}$　(d) $F(s) = \dfrac{3e^{-2s}}{s+5}$

4. (a) $f(t) = \dfrac{1}{3} - \dfrac{5}{6}e^{-3t} + \dfrac{1}{2}e^{-5t}$　(b) $f(t) = \dfrac{20}{9}e^{-5t} + \dfrac{20}{3}t \cdot e^{-2t} - \dfrac{20}{9}e^{-2t}$

　(c) $f(t) = 1 - 0.5 \cdot e^{-2t}\sin 4t - e^{-2t}\cos 4t = 1 - 1.12 \cdot e^{-2t}\sin(4t + 1.11)$

　(d) $f(t) = 1 - e^{-2(t-0.2)}$　$(t > 0.2)$

　(e) $f(t) = 0.188 + 0.286 \cdot t - 0.8 \cdot e^{-5t} + 0.612 \cdot e^{-7t}$

　(f) $f(t) = 1 - \dfrac{16}{25}\sin t - \dfrac{12}{25}\cos t - e^{-2t}\left(\dfrac{2}{5} \cdot t + \dfrac{13}{25}\right)$

　　$= 1 - \dfrac{4}{5}\sin(t + 0.644) - e^{-2t}\left(\dfrac{2}{5} \cdot t + \dfrac{13}{25}\right)$

5. (a) $\dfrac{Y(s)}{X(s)} = \dfrac{2s+1}{s^3 + 2s^2 + 4s + 5}$　(b) $\dfrac{Y(s)}{X(s)} = \dfrac{e^{-Ts}}{s^2 + 4s + 13}$

6. (a) $\dfrac{E_o(s)}{E_i(s)} = \dfrac{R_2 Cs + 1}{(R_1 + R_2) \cdot Cs + 1}$　(b) $\dfrac{E_o(s)}{E_i(s)} = \dfrac{R_2 + R_1 R_2 Cs}{R_1 + R_2 + R_1 R_2 Cs}$

7. $\dfrac{\theta_1(s)}{\tau(s)} = \dfrac{1}{(J_1 + J_2/n^2)s^2}$　$\dfrac{\theta_2(s)}{\tau(s)} = \dfrac{1}{(J_1 n + J_2/n)s^2}$

8. $\dfrac{X(s)}{\tau(s)} = \dfrac{p/2\pi}{\{J_s + (p/2\pi)^2\}s^2}$

9. (a) $\dfrac{Y(s)}{X(s)} = \dfrac{B_2 s + k_2}{ms^2 + (B_1 + B_2)s + (k_1 + k_2)}$

演習問題解答　171

(b) $\dfrac{Y_1(s)}{F(s)} = \dfrac{k_2}{m_1 m_2 s^4 + m_2 B s^3 + (m_1 k_2 + m_2 k_1 + m_2 k_2)s^2 + Bk_2 s + k_1 k_2}$

$\dfrac{Y_2(s)}{F(s)} = \dfrac{m_1 s^2 + Bs + (k_1 + k_2)}{m_1 m_2 s^4 + m_2 B s^3 + (m_1 k_2 + m_2 k_1 + m_2 k_2)s^2 + Bk_2 s + k_1 k_2}$

10. $\dfrac{H_1(s)}{Q_i(s)} = \dfrac{A_2 R_1 R_2 s + R_1}{A_1 A_2 R_1 R_2 s^2 + (A_1 R_1 + A_2 R_1 + A_1 A_2 R_2)s + 1}$

11. (a) $\dfrac{Y}{X} = \dfrac{G_1 G_2 G_3}{1 + G_1 G_2 H + G_2 G_3}$

(b) $\dfrac{Y}{X} = \dfrac{G_1 G_2 G_3 G_4}{1 + G_1 G_2 H_1 + G_2 G_3 + G_3 G_4 H_2 + G_1 G_2 G_3 G_4 H_1 H_2}$

(c) $\dfrac{Y}{X} = \dfrac{100}{s^3 + 4s^2 + 5s + 100}$

12. 解図1のブロック線図を等価変換して，次の伝達関数が得られる．

$$\dfrac{E_o(s)}{E_i(s)} = \dfrac{1700}{s^2 + 40s + 1700}$$

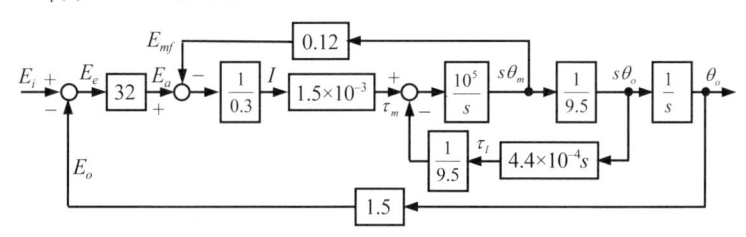

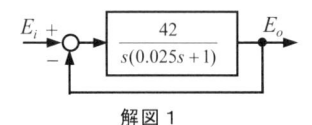

解図1

第3章

1. (a) 単位ステップ応答　$y(t) = 5(1 - e^{-2t})$

(b) 単位ステップ応答　$y(t) = 2 - 7e^{-5t} + 5e^{-t}$

(c) 単位ステップ応答　$y(t) = 1 - 1.03 e^{-0.5t} \sin(2t + 1.33)$

(d) 単位ステップ応答　$y(t) = 1 + 3.61 e^{-t} \sin(2\sqrt{3}\, t - 0.281)$

2. 時定数　$T = 5.01$ s　　98％に達する時間　$t = 19.6$ s

3. $T = 0.036$ s　　$K = 42.5$　　$t_s = 0.22$ s

4. $\zeta = 0.52$　　$\omega_n = 30.6$ rad/s

5. (a) $\zeta = 0.2$ $\omega_n = 10$ rad/s $A_p = 53\%$ $t_p = 0.32$ s
   (b) $\zeta = 0.7$ $\omega_n = 10$ rad/s $A_p = 4.6\%$ $t_p = 0.44$ s
6. $\zeta = 0.49$ $\omega_n = 41.2$ rad/s $A_p = 17\%$ $t_p = 0.087$ s $t_s = 0.16$ s
7. (a) $e_{ss} = A/51$, ∞, ∞   (b) $e_{ss} = 0$, B, ∞
   (c) $e_{ss} = 0$, 0, C (d) $e_{ss} = 0$, $0.2B$, ∞
8. (a) $e_{ss} = 0$ (b) $e_{ss} = 0.1$ (c) $e_{ss} = \infty$
9. (a) $e_{ss} = 0.396$ (b) $e_{ss} = 0$

第4章

1. $|G| = \dfrac{10}{\omega\sqrt{\{1+(0.1\omega)^2\}\{1+(0.2\omega)^2\}}}$

   $\angle G = -90° - \tan^{-1}(0.1\omega) - \tan^{-1}(0.2\omega)$

   より，次表が得られる．ベクトル軌跡は図解2．

ω	0	1	2	5	10	∞
$|G|$	∞	9.76	4.55	1.26	0.316	0
$\angle G$	−90°	−107°	−123°	−162°	−198°	−270°

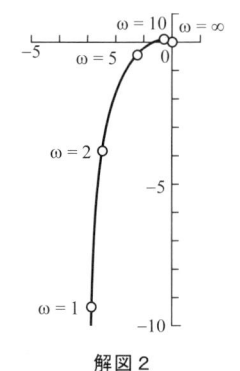

2.

ω	6	10	20
$|G|$	0.95	0.71	0.24
$\angle G$	−53°	−90°	−137°

   解図2

3. 解図3による．

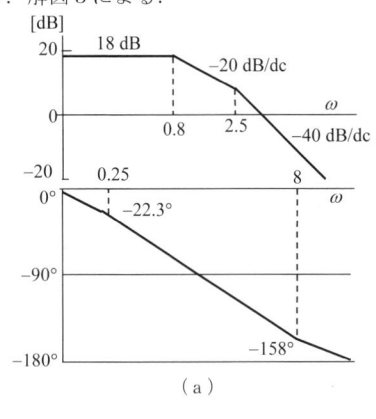

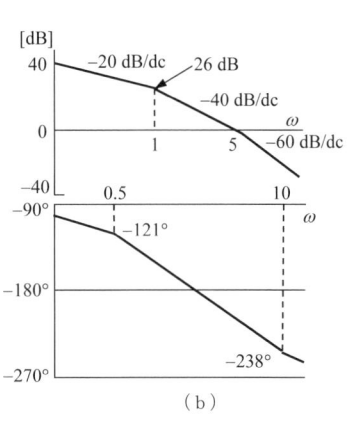

   (a)

   (b)

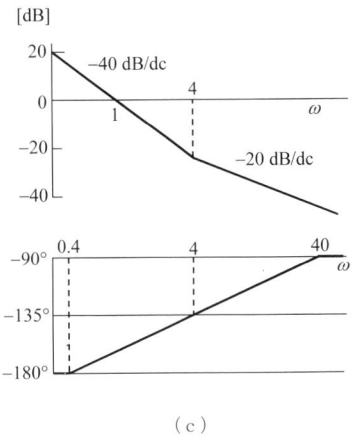

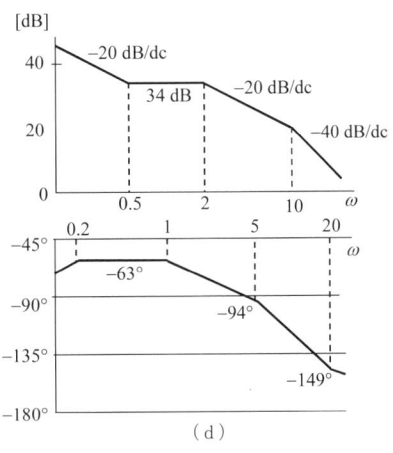

解図3

(c), (d) のボード線図

4. 式(4.41)および式(4.42)より，$M_p = 1.04$，$\omega_p = 4.23$ rad/s

5. (a) $G(s) = \dfrac{31.6}{(3.33s+1)(0.0556s+1)}$ 　　(b) $G(s) = \dfrac{25}{s(0.4s+1)(0.05s+1)}$

　(c) $G(s) = \dfrac{8(0.5s+1)}{s(0.1s+1)}$

6. (a) $\dfrac{Z}{X}(s) = \dfrac{Y(s)-X(s)}{X(s)} = \dfrac{-s^2}{s^2 + 2\zeta\omega_n s + \omega_n^2}$ より，$\left|\dfrac{Z}{X}\right|$ を dB で表した g は

$$g = 40\log_{10}(\omega/\omega_n) - 20\log_{10}\sqrt{\{1-(\omega/\omega_n)^2\}^2 + \{2\zeta(\omega/\omega_n)\}^2}$$

　　位相　$\varphi = -\tan^{-1}\dfrac{2\zeta(\omega/\omega_n)}{1-(\omega/\omega_n)^2}$

　ボード線図は解図4のようになる．

(b) 加速度は

$$a(t) = \dfrac{d^2 x(t)}{dt^2}$$

であるので，ラプラス変換は

$$A(s) = s^2 X(s)$$

となる．よって

$$\dfrac{Z}{A}(s) = \dfrac{Y(s)-X(s)}{s^2 X(s)}$$
$$= \dfrac{-1}{s^2 + 2\zeta\omega_n s + \omega_n^2}$$

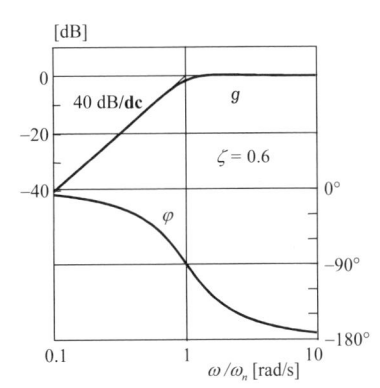

解図4　変位計のボード線図

となる．この式は二次系の式(4.24)に定数 $-1/\omega_n^2$ を乗じたものであるから，二次系のボード線図(図4.11)に少し手を加えればできる．

第5章

1．安定
2．
　(1) 不安定（不安定根2個）
　(2) 安定
　(3) 不安定（不安定根2個）
　(4) 不安定（不安定根2個）
3．
　(1) 不安定
　(2) 安定
4．$G(j\omega) = \dfrac{k}{j\omega(1+j\omega)(1+2j\omega)} = -1$

より

$$k = -3\omega^2 + j\omega(1-2\omega^2)$$

となる．
この式の両辺の実部，虚部を比較して

$$k = \dfrac{3}{2},\ \omega = \omega_c = \sqrt{1/2}$$

を得る．

5．ラウスの方法を用いると，次の安定条件を得る．

$$\begin{cases} a > 0 \\ \dfrac{3a-(1+b)}{a} > 0 \\ 1+b > 0 \end{cases}$$

$$\therefore \begin{cases} a > 0 \\ b < 3a-1 \\ b > -1 \end{cases}$$

これを ab 座標上に表すと解図5のようになる．

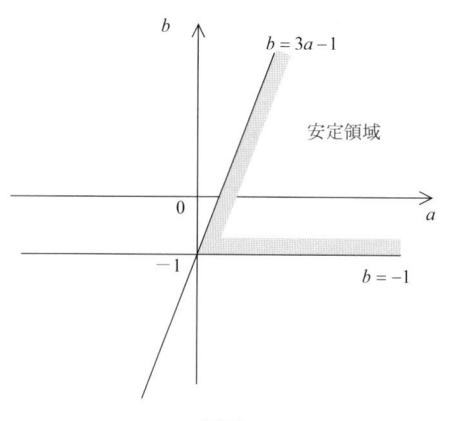

解図5

第6章

1．(a) ゲイン交点周波数を ω_g とする．

$$|G(j\omega_g)| = \dfrac{100}{\omega_g\sqrt{1+(0.1\omega_g)^2}} = 1$$

より

$\omega_g = 30.8 \text{ rad/s}$

が得られ，ゲイン交点における位相は

$\angle G = -90° - \tan^{-1}(0.1\omega_g) = -162°$

となる．したがって，位相余裕は

$\varphi = 180° - 162° = 18°$

となる．ゲイン余裕は ∞ となる．

(b) 解図6のようなボード線図を作成し，これより

　　位相余裕　20°　　ゲイン余裕　8 dB（計算値 7.6 dB）

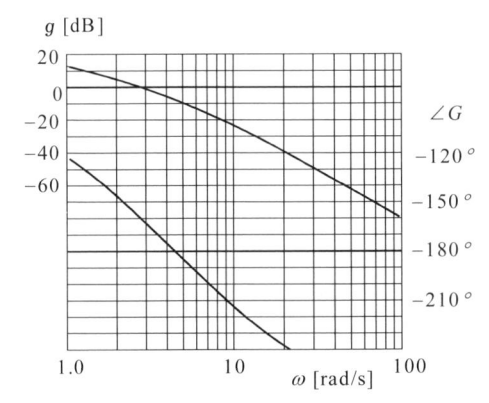

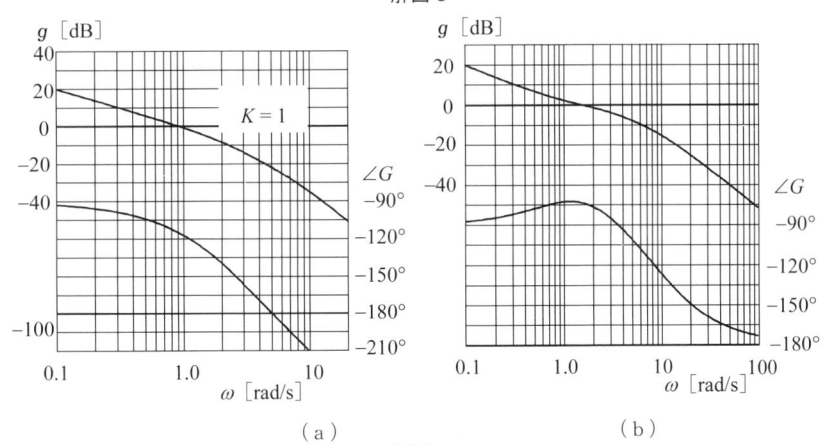

解図6

(a)　(b)

解図7

2．いずれも解図 7 のボード線図上より

  (a)　ゲイン余裕を 20 dB にするには，ゲインを 2 dB 上げればよい．
   $2 = 20\log_{10} K$ より，$K = 10^{0.1} = 1.3$
   位相余裕を 45° にするには，ゲインを 7 dB 上げる．$K = 10^{0.35} = 2.2$

  (b)　全周波数範囲で位相 $\varphi > -180°$ なので，ゲイン余裕は ∞．
   位相余裕を 45° にするには，ゲインを 18 dB 上げる．$K = 10^{0.9} = 7.9$

3．ニコルス線図より

  (a)　位相余裕 32°　ゲイン余裕 6 dB
  (b)　約 $M_p = 2.1$（6.3 dB）　　$\omega_p = 5.3$ rad/s
  (c)　$\omega_b = 7.7$ rad/s
  (d)　下向きに 6 dB 平行移動すれば，ゲイン余裕 12 dB になる．
   $20\log_{10}\alpha = -6$ より　$\alpha = 0.50$　$K = \alpha \times 250 = 125$
  (e)　下向きに 2.3 dB 平行移動すれば，位相余裕 45° になる．
   $20\log_{10}\alpha = -2.3$ より　$\alpha = 0.77$　$K = \alpha \times 250 = 193$
  (f)　下向きに 3.2 dB 平行移動すれば，$M = 2$ dB の曲線と接し，$M_p = 2$ dB となる．$20\log_{10}\alpha = -3.2$ より　$\alpha = 0.69$　$K = \alpha \times 250 = 173$
   $\omega_p = 4.2$ rad/s　$\omega_b = 6.4$ rad/s

4．(a)　解図 8 (a)．特性方程式 $s^3 + 2s^2 + (K+2)s + 3K = 0$ を次式に書き直す．
$$1 + \frac{K(s+3)}{s(s^2+2s+2)} = 1 + \frac{K(s+3)}{s(s+1-j)(s+1+j)} = 0$$
極 0，$-1+j$，$-1-j$，零点 -3 を複素平面上にプロットする．実軸上の根軌跡は 0 から -3 まで．漸近線の実軸との交点 $\sigma = (0-1-1+3)/(3-1) = 0.5$．実軸との角度 $\phi = \pm 90°$．極 $-1 \pm j$ における根軌跡の出発角 $\theta_{dep} = 180° + \tan^{-1}(1/2) - 135° - 90° = -18.4°$．虚軸との交点 $\omega = 2.45$，$K = 4$．

  (b)　解図 8 (b)．特性方程式 $s^3 + 5s^2 + (K+1)s + K = 0$ を次式に書き直す．
$$1 + \frac{K(s+1)}{s(s+0.209)(s+4.79)} = 0$$
極 0，-0.209，-4.79，零点 -1 を複素平面上にプロットする．実軸上の根軌跡は 0 から -0.209 までおよび -4.79 から -1 まで．漸近線の実軸との交点 $\sigma = (0-0.209-4.79+1)/(3-1) = -2$．実軸との角度 $\phi = \pm 90°$．実軸からの分離点 -0.109．

解図8

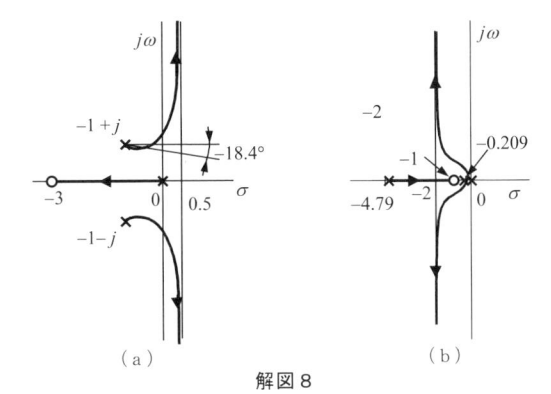

5. 解図9による.

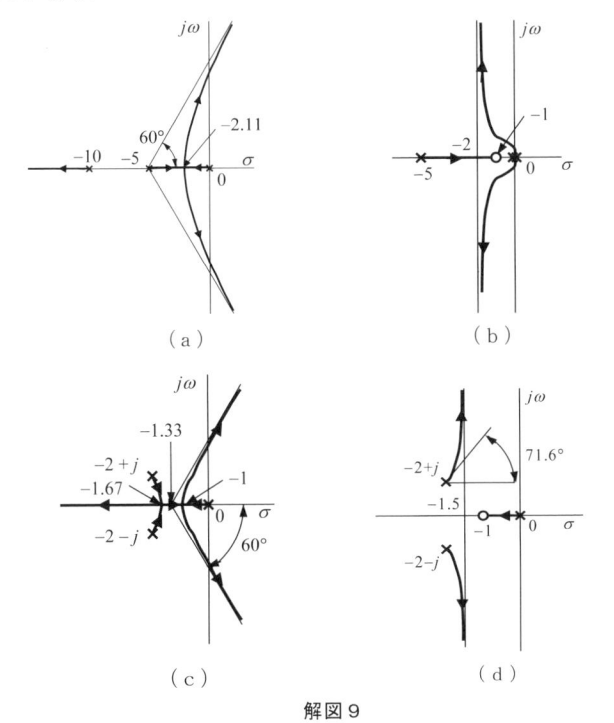

解図9

6. 特性方程式 $s^3 + 2s^2 + K_t s + K = 0$ で $K_t = 0$ とすると，一巡伝達関数
$$G(s) = \frac{K}{s^2(s+2)}$$

となり，解図10の破線で示される根軌跡が描かれる．
次に，$K = 3$ と固定すると特性方程式は
$$s^3 + 2s^2 + K_t s + 3 = 0$$
となり，これを次のように書き換える．

$$1 + \frac{K_t s}{s^3 + 2s^2 + 3}$$
$$= 1 + \frac{K_t s}{(s+2.49)(s-0.243-1.07j)(s-0.243+1.07j)}$$
$$= 0$$

これより，図の実線で表した根軌跡が描ける．

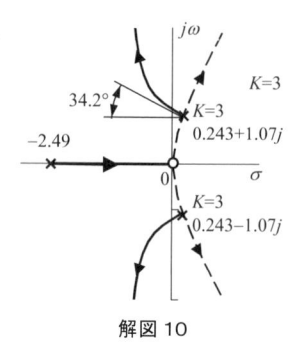

解図10

第7章

1．解図11のようなブロック線図を作成し，これより次式の開ループ伝達関数が得られる．

$$G(s)H(s) = \frac{34.6}{s(0.194s+1)}$$

解図11

2．（a）$J_{eq} = 6.90 \times 10^{-4}\ \mathrm{kg \cdot m^2}$

（b）$G_m(s) = \dfrac{1.75}{s(0.0164s+1)}$

（c）$K_a = 670$

第8章

1．$G_c(s) = 0.132 \dfrac{0.344s+1}{0.0455s+1}$

一例として図8．2の回路で　$C = 0.1\ \mu\mathrm{F}$，$R_1 = 3.44\ \mathrm{M\Omega}$，$R_2 = 455\ \mathrm{k\Omega}$

2．$G_c(s) = 5.83 \dfrac{0.138s+1}{0.805s+1}$

一例として図8．2の回路で　$C = 0.1\ \mu\mathrm{F}$，$R_1 = 1.38\ \mathrm{M\Omega}$，$R_2 = 8.05\ \mathrm{M\Omega}$

3．設計例として，位相進み回路を
$$G_c(s) = \frac{0.16s+1}{0.027s+1}$$
とすると開ループ伝達関数は

$$G(s) = \frac{12(0.16s+1)}{s(0.027s+1)(0.05s+1)(0.2s+1)}$$

となり，解図12のようなボード線図で表される．これより，補償後の位相余裕は46°となる．また，閉ループ系のゲイン線図は解図12右のようになり，帯域幅は16 rad/sである．

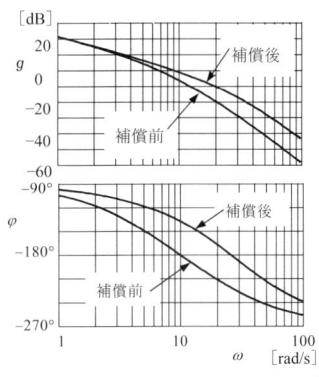

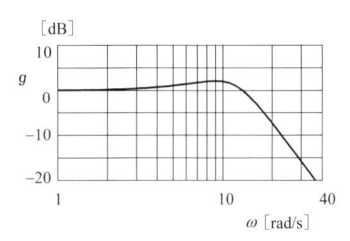

解図12

4．（a）$K = 4.08$
（b）$K = 102$　$K_f = 0.0392$
（c）フィードバック補償を施すことにより，同安定度で，応答速度を5倍にすることができた．

5．単位ステップ入力に対して　　$u(t) = 5.0 + 2t$
単位インパルス入力に対して　　$u(t) = 5.0\,\delta(t) + 2$

6．ステップ応答法
$K_p = 0.4$, $T_I = 4$, $T_D = 1$

限界感度法
制御対象のボード線図は解図13のようになる．これより，ゲインを4.3 dB下げれば系は安定限界となり，ゲイン交点は $\omega_{cr} = 0.9$ rad/s となる．
$K_{cr} = 0.61$, $K_p = 0.34$,
$P_{cr} = 2\pi/0.9 = 6.98$, $T_I = 3.5$,
$T_D = 0.87$

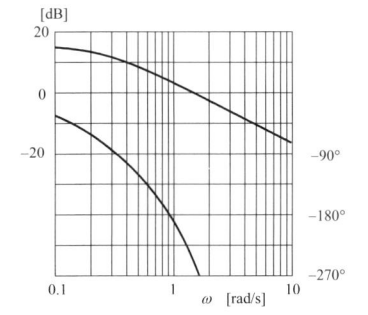

解図13

付　録

1　複素数と複素ベクトル

a と b を実数，虚数単位 $j=\sqrt{-1}$ として，$z=a+jb$ を**複素数**という．複素数 $z=a+jb$ は直交座標平面上で座標が (a,b) の点 P で表すことができる．この平面を**複素平面**という．複素平面の横軸を実軸，縦軸を虚軸という．付図1のように複素数 z を原点から点 P への矢印で表し，これを**複素ベクトル**と呼ぶ．

複素ベクトルの実軸方向成分（横軸への正射影）が複素数の**実部**であり，虚軸方向成分（縦軸への正射影）が複素数の**虚部**である．ここで記号 $\mathrm{Re}\{z\}$，$\mathrm{Im}\{z\}$ はそれぞれ z の実部と虚部を意味する．付図1の場合，$\mathrm{Re}\{z\}=a$，$\mathrm{Im}\{z\}=b$ であり，z は次式のように表すことができる．

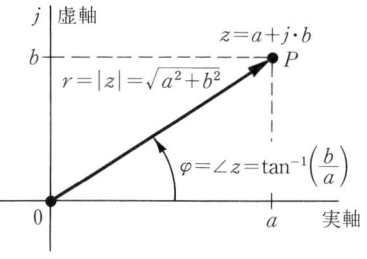

$$z = \mathrm{Re}\{z\} + j\cdot\mathrm{Im}\{z\} \qquad (1)$$

付図1　複素ベクトルと複素数

また，複素数 z の虚部のみ符号が異なるものを**共役複素数**と呼び，記号 $\bar{z}$ で表す．すなわち $\bar{z}=a-j\cdot b$ である．

2　複素ベクトルの大きさと偏角

複素ベクトルの**大きさ**（**長さ**）を記号 $|z|$ で表す．これは複素数の絶対値であり，実部と虚部の2乗和の平方根となる．また，複素ベクトルの**偏角**を記号 $\angle z$ で表す．これは複素ベクトルと実軸の正方向とのなす角を反時計方向を正とした角度であり，単位は度（°，deg）またはラジアン（rad）を用いる．よって，$|z|$ と $\angle z$ は次式から求められる．

$$|z| = \sqrt{[\mathrm{Re}\{z\}]^2 + [\mathrm{Im}\{z\}]^2} = \sqrt{a^2+b^2} = r \qquad (2)$$

$$\angle z = \tan^{-1}\left[\frac{\mathrm{Im}\{z\}}{\mathrm{Re}\{z\}}\right] = \tan^{-1}\left(\frac{b}{a}\right) = \varphi \tag{3}$$

3 複素ベクトルの極表示

複素ベクトル $z = a + jb$ を大きさ $|z|$ と偏角 $\angle z$ を用いて，以下の手順により極形式で表すことができる．

$$z = a + j \cdot b = \sqrt{a^2 + b^2}\left\{\frac{a}{\sqrt{a^2 + b^2}} + j\frac{b}{\sqrt{a^2 + b^2}}\right\} = r\{\cos\varphi + j \cdot \sin\varphi\} \tag{4}$$

式（4）に次のオイラーの公式（Euler's formula）を用いて，

$$e^{j\varphi} = \cos\varphi + j \cdot \sin\varphi \tag{5}$$

複素ベクトル z を次式のように表すことができる．

$$z = r \cdot e^{j\varphi} = |z| \cdot e^{j\angle z} \tag{6}$$

上式を複素ベクトル z の**極表示**と呼ぶ．

簡単な複素数の極表示の例

単純な複素数の極表示の例を次に示す．

$$1 = e^{j \cdot 0}, \quad j = e^{j\frac{\pi}{2}}, \quad -1 = e^{j\pi}, \quad -j = e^{j\frac{3}{2}\pi} = e^{-j\frac{\pi}{2}}$$

以上の関係は，各複素数を複素平面上に図示してみると，ただちに理解できる（付図2）．

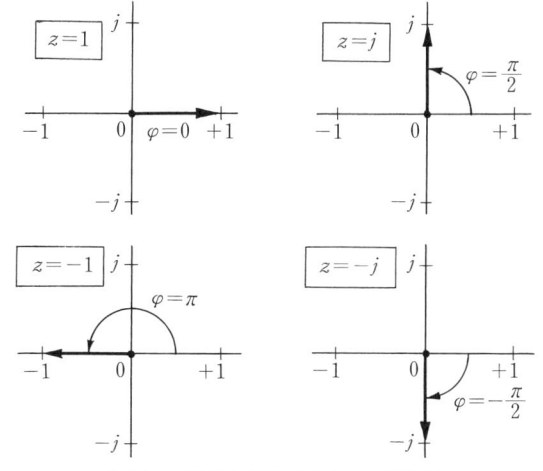

付図2　単純な複素ベクトルの極表示

[例1] 複素数 z を極表示せよ．

（1）　$z = 1 + j$

z の大きさは，

$$|z| = \sqrt{1^2 + 1^2} = \sqrt{2}$$

であり，z の偏角は

$$\angle z = \tan^{-1}(1/1) = \pi/4$$

である．よって，z を極形式で表示すると

$$z = |z| e^{j\angle z} = \sqrt{2} \cdot e^{j\frac{\pi}{4}}$$

（2）　$z = 3 - j \cdot \sqrt{3}$

大きさは

$$|z| = \sqrt{3^2 + (-\sqrt{3})^2} = \sqrt{12} = 2\sqrt{3},$$

偏角は

$$\angle z = \tan^{-1}(-\sqrt{3}/3) = -\pi/6$$

のように求められる．したがって，z は次式のように極表示できる．

$$z = (2\sqrt{3}) e^{-j\frac{\pi}{6}}$$

4　複素数の演算

ここでは，複素数の演算について説明する．2つの複素ベクトル $z_1 = a + j \cdot b$ および $z_2 = c + j \cdot d$ に対する演算の例を示す．

（1）　複素数の和と差

2つの複素ベクトルの和（または差）は，実軸と虚軸の各成分ごとの和（または差）として求められる．

$$z_1 + z_2 = (a + j \cdot b) + (c + j \cdot d) = (a + c) + j \cdot (b + d) \tag{7}$$

$$z_1 - z_2 = (a + j \cdot b) - (c + j \cdot d) = (a - c) + j \cdot (b - d) \tag{8}$$

(2) 複素数の積と商

複素ベクトルの積や商などの演算を行う場合に式(6)の極表示を利用すると便利である．ここで，複素ベクトル z_1 と z_2 を極表示すると

$$z_1 = |z_1|e^{j\angle z_1}, \quad z_2 = |z_2|e^{j\angle z_2}$$

である．ただし

$$|z_1| = \sqrt{a^2 + b^2}, \quad \angle z_1 = \tan^{-1}\left(\frac{b}{a}\right), \quad |z_2| = \sqrt{c^2 + d^2}, \quad \angle z_2 = \tan^{-1}\left(\frac{d}{c}\right)$$

である．

z_1 と z_2 の**積**は

$$z_1 \times z_2 = |z_1|e^{j\angle z_1} \cdot |z_2|e^{j\angle z_2} = |z_1||z_2|e^{j(\angle z_1 + \angle z_2)} \tag{9}$$

で表される．すなわち，積のベクトルの大きさは各ベクトルの大きさの積となり，偏角は各ベクトルの偏角の和になる．

同様に，z_1 と z_2 の**商**は，

$$z_1 \div z_2 = \frac{z_1}{z_2} = \frac{|z_1|e^{j\angle z_1}}{|z_2|e^{j\angle z_2}} = \frac{|z_1|}{|z_2|}e^{j\angle z_1}e^{-j\angle z_2} = \frac{|z_1|}{|z_2|}e^{j(\angle z_1 - \angle z_2)} \tag{10}$$

で表される．すなわち，商のベクトルの大きさは各ベクトルの大きさの比となり，偏角は各ベクトルの偏角の差になる．

(3) 互いに共役な複素数の積

z_1 とその共役複素数 $\bar{z}_1$ の積は

$$z_1 \times \bar{z}_1 = (a + j \cdot b)(a - j \cdot b) = a^2 - jab + jab + b^2 = a^2 + b^2 \tag{11}$$

また極形式を利用して，z_1 に共役な複素数 $\bar{z}_1$ の大きさを

$$|\bar{z}_1| = \sqrt{a^2 + (-b)^2} = \sqrt{a^2 + b^2} = |z_1|,$$

偏角を

$$\angle \bar{z}_1 = \tan^{-1}\left(\frac{-b}{a}\right) = -\tan^{-1}\left(\frac{b}{a}\right) = -\angle z_1$$

と表せることから

$$\bar{z}_1 = |z_1|e^{-j\angle z_1}$$

と極表示できる．したがって，z_1 と $\bar{z}_1$ の積は，

$$z_1 \cdot \bar{z}_1 = |z_1|e^{j\angle z_1} \cdot |z_1|e^{-j\angle z_1} = |z_1|^2 = a^2 + b^2 \tag{12}$$

となる．このように互いに共役な複素数どうしの積は実数となり，実部と虚部の 2 乗和として求められる．

[例2] 2 つの複素数

$$z_1 = -1 + j, \quad z_2 = \frac{1}{2} + j\frac{\sqrt{3}}{2}$$

について以下の問いに答えよ．

（1） $z_1 + z_2$ を求めよ

$$z_1 + z_2 = -1 + j + \left(\frac{1}{2} + j\frac{\sqrt{3}}{2}\right) = -\frac{1}{2} + j\left(1 + \frac{\sqrt{3}}{2}\right)$$

（2） $z_1 \cdot z_2$ を求めよ．

$$z_1 = \sqrt{2}e^{j\frac{3\pi}{4}}, \quad z_2 = e^{j\frac{\pi}{3}}$$

であるから，

$$z_1 \cdot z_2 = \sqrt{2}e^{j\frac{3\pi}{4}} \cdot e^{j\frac{\pi}{3}} = \sqrt{2}e^{j\left(\frac{3\pi}{4} + \frac{\pi}{3}\right)} = \sqrt{2}e^{j\frac{13\pi}{12}}$$

（3） $\dfrac{z_1}{z_2}$ を求めよ．

$$\frac{z_1}{z_2} = \frac{\sqrt{2}e^{j\frac{3\pi}{4}}}{e^{j\frac{\pi}{3}}} = \sqrt{2}e^{\left(j\frac{3\pi}{4} - j\frac{\pi}{3}\right)} = \sqrt{2}e^{j\frac{5\pi}{12}}$$

（4） $j \times z_1$ を求めよ．

$$j(-1 + j) = -j + j \cdot j = -1 - j$$

または，極表示では

$$j = e^{j\frac{\pi}{2}}$$

であるので，

$$e^{j\frac{\pi}{2}} \times \sqrt{2}e^{j\frac{3\pi}{4}} = \sqrt{2}e^{j\frac{5\pi}{4}}$$

となる．

このように，ある複素ベクトルに j を乗ずると，ベクトルの大きさは変えずにベクトルを反時計方向に 90 度（$\pi/2$）だけ回転させる（付図 3）．

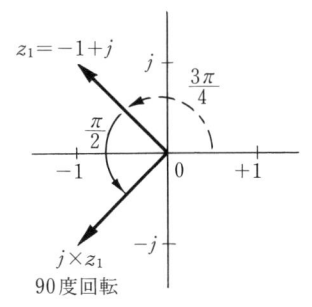

付図 3　複素ベクトルと j の積

参 考 文 献

1） B.C.Kuo："*Automatic Control Systems*"，Prentice-Hall, Inc., 1995
2） R.C.Dolf & R.H.Bishop："*Modern Control Systems*"，Addison-Wesley Pub.Co., 1995
3） K.Ogata："*Modern Control Engineering*"，Prentice-Hall, Inc., 1990
4） 奥田　豊，高橋文彦，宮原一典："改定自動制御工学"，コロナ社，1994
5） 得丸英勝編著，田中輝夫，村井良太加，屋敷泰次郎，雨宮　孝："自動制御"，森北出版，1981
6） 樋口龍雄："自動制御理論"，森北出版，1989
7） 大島康次郎，荒木献次："サーボ機構"，オーム社，1965
8） 増淵正美："自動制御"，朝倉書店，1976
9） 近藤文治編，前田和夫，岩貞継夫，坪根治広："基礎制御工学"，森北出版，1977
10） (株)安川電機製作所編："メカトロニクスのためのサーボ技術入門"，日刊工業新聞社，1986
11） 省力と自動化編集部編："サーボ技術活用マニュアル"，オーム社，1990
12） 矢野健太郎，石原　繁："解析学概論（新版）"，裳華房，1990

索　引

あ　行

圧力制御弁　140
圧力流量係数　145
アンダーラップ　142
安　定　79
安定限界　79, 83
安定性　78, 79, 103
安定度　104
安定判別　81
安定判別法　84
行き過ぎ時間　43
行き過ぎ量　43
位　相　59
位相遅れ回路　153
位相遅れ補償　159
位相交点　105
位相交点周波数　105
位相進み回路　153
位相進み補償　153
位相余裕　106
一次遅れ系(一次系)　22
一次遅れ系のステップ応答　36
一巡伝達関数　28
位置偏差定数　52
インディシャル応答　35
インパルス応答　35
ACサーボモータ　130
遅れ時間　43
オーバーラップ　142
オフセット　52

か　行

外　乱　4, 78
開ループ伝達関数　28
重ね合わせの理　9
加速度偏差定数　53
過渡応答　35
慣性負荷　133
機械的時定数(サーボモータの)　132
逆起電力　25
共振周波数　71
極　21
虚　部　180
加え合わせ点　24
系　3
ゲイン　59
ゲイン-位相線図　107
ゲイン交点　105
ゲイン交点周波数　105
ゲイン余裕　105
限界感度法(ジーグラ・ニコルスの)
　　　　　　　　　　　168
検出部　5
減衰比　40
コアレスDCサーボモータ　129
固有角周波数　41
根軌跡　115
根軌跡の数　117
根軌跡の漸近線　118
根軌跡の終点　118
根軌跡の出発点　118
根軌跡の性質　117
根軌跡法　112

さ 行

最終値の定理（ラプラス変換の）　16
最適歯数比（モータと負荷間の）　134
サーボ機構　7
サーボ系　6
サーボコントローラ　132
サーボ弁　140, 146
時間領域　151
ジーグラ (Ziegler, J.G.)　165
ジーグラ・ニコルスの方法　167
シーケンス制御　5
システム　3
実　部　180
時定数　37
自動制御　2
自動調整　7
四方案内弁　140, 143
シミュレーション（応答の）　44
周波数応答　58
周波数応答の計算プログラム　73
周波数伝達関数　60
周波数特性　59
周波数領域　151
出　力　3
出力信号　3
手動制御　1
初期値の定理（ラプラス変換の）　16
信　号　3
数式モデル　8
ステップ応答　35
ステップ応答法
　　　（ジーグラ・ニコルスの）　167
スロット形 DC サーボモータ　127
スロットレス形 DC サーボモータ
　　　　　　　　　　　　128
制　御　1
制御演算部　5
制御装置　5
制御対象　5
制御の良さ　103
制御偏差　4
制御量　4, 78
整定時間　43
積分時間　166
積分動作（I 動作）　166
積分要素　51
設計仕様　151
折　点　67
折点周波数　67
零　点　21
ゼロラップ　142
線形化　10
線形微分方程式　9
操作部　5
操作量　4
速応性　103
速度偏差定数　53

た 行

帯域幅　112
体積弾性係数　147
代表根　114
代表根配置角　114
たたみこみ　16
立上り時間　43
単位インパルス応答　23, 35
単位インパルス関数　22
単位関数　13
単位ステップ応答　35
直流 (DC) サーボモータ　127
調節計　165
調節計の制御動作　166
直流サーボモータ　25
直列補償　152
直結フィードバック系　28
直結フィードバック系の形　51
追従制御　6
追値制御　6

索引 *189*

DC サーボモータの伝達関数　130
定常位置偏差　52
定常応答　49
定常状態　35
定常速度偏差　53
定常特性　103
定常偏差　50
定常加速度偏差　53
定数係数線形微分方程式　10
定値制御　6
デカード(dc)　65
デシベル(dB)　65
電気サーボ系　127
電気的時定数(サーボモータの)　132
電気油圧サーボ機構　146
電磁比例弁　140
伝達関数　21
特性方程式　21
トルク定数　25

な 行

ナイキスト線図　98
ナイキストの安定判別法　95, 98
ニコルス(Nichols, N.B.)　165
ニコルス線図　108
二次系(二次遅れ系)　23
二次系のステップ応答　38
入　力　3
入力信号　3

は 行

歯車ポンプ　139
歯車モータ　140
発振角周波数　93
パワーレート　135
PID 調節系　167
比較部　5
引き出し点　24
ピークゲイン　71
ピストンポンプ　139
ピストンモータ　140
非線形微分方程式　9
微分時間　166
微分動作(D 動作)　166
比例＋積分＋微分動作(PID 動作)　167
比例＋積分動作(PI 動作)　166
比例＋微分動作(PD 動作)　167
比例ゲイン　166
比例動作(P 動作)　166
不安定　79
フィードバック　4
フィードバック制御　4
フィードバック補償　162
フィードバックループ　4
複素数　180
複素平面　180
複素ベクトル　180
部分分数展開　16
ブラシレス DC サーボモータ　129
フルビッツの安定判別法　94
フルビッツの方法　84
プログラム制御　6
プロセス制御　7
プロセス制御系　164
ブロック　24
ブロック線図の等価変換　26
閉ループ伝達関数　28
ベクトル軌跡　61, 98
偏　差　78
ベーンポンプ　139
ベーンモータ　140
方向制御弁　140
補償要素　152

ま 行

むだ時間　15
目標値　4, 78

や 行

油圧アクチュエータ　140
油圧サーボ機構　140
油圧サーボ系　138
油圧シリンダ　140
油圧制御回路　138
油圧制御弁　140
油圧モータ　140
誘起電圧定数　25
容積形ポンプ　139
揺動モータ　140

ら 行

ラウスの方法　84
ラウス・フルビッツの安定判別法　84
ラウス列　84, 86
ラプラス逆変換　16
ラプラス変換　12
ラプラス変換の諸定理　15
ラプラス変換表　14
ランプ応答　35
ランプ関数　35
ランプ入力　35
流量ゲイン　144
流量制御弁　140
リリーフ弁　140
ルンゲ・クッタの方法　44

著者略歴

北川　能（きたがわ・あとう）
　　1978年　東京工業大学大学院理工学研究科博士課程退学
　　現　在　東京工業大学名誉教授　工学博士

堀込　泰雄（ほりごめ・やすお）
　　1955年　東京工業大学機械工学科卒業
　　現　在　長野工業高等専門学校名誉教授

小川　侑一（おがわ・ゆういち）
　　1982年　東京工業大学大学院総合理工学研究科精密機械システム専攻
　　　　　　修士課程修了
　　現　在　群馬工業高等専門学校機械工学科教授

自動制御工学　　　Ⓒ　北川　能・堀込泰雄・小川侑一　2001

2001年2月16日　第1版第1刷発行　　【本書の無断転載を禁ず】
2023年3月15日　第1版第14刷発行

著　者　北川　能・堀込泰雄・小川侑一
発行者　森北博巳
発行所　森北出版株式会社
　　　　東京都千代田区富士見1-4-11（〒102-0071）
　　　　電話 03-3265-8341／FAX 03-3264-8709
　　　　https://www.morikita.co.jp/
　　　　日本書籍出版協会・自然科学書協会　会員
　　　　JCOPY ＜(一社)出版者著作権管理機構　委託出版物＞

落丁・乱丁本はお取替えいたします　　　印刷／太洋社・製本／協栄製本

Printed in Japan／ISBN978-4-627-66391-6

MEMO